改訂版

大学入学 共通テスト

数学Ⅱ・B 予想問題集

代々木ゼミナール数学科講師
佐々木 誠

＊この本は，2019年10月に小社より刊行された『大学入学共通テスト　数学Ⅱ・B予想問題集』の改訂版です。

KADOKAWA

はじめに

数ある良書の中からこの本を選んでいただき，ありがとうございます。

2021年1月に，初めての「大学入学共通テスト」(以下，「共通テスト」)が実施されました。新型コロナウイルス感染症が収まらない中での厳しい試験で，いまも収まっておりません。1日も早く収まるのを願うばかりです。

さてこの本は，共通テストを受験する予定がある人を対象とし，数学を楽しんで解けるよう構成されています。

問題は4セット分収録されています。1つ目のセットは，「2021年1月実施　共通テスト・第1日程」です。また，2～4セット目としては**予想問題**が3回分収録されています。

それらの問題には，ていねいな解説（設問解説）が収録されています。さらには，大問単位で研　究というコーナーまで設けられており，設問に関連する内容を掘り下げて説明しています。この本に収録されている問題を解ききり解説をじっくり読み込んでもらえれば，ライバルに差をつけることができるはずです。

受験生個々で数学力や目標得点は大きく異なりますので，解説の中にはなかなか理解できないところがあるかもしれません。そういう場合には，**無理して読み進めようとせず，一度該当する単元を勉強し直して再チャレンジしてみてください**。大問，および設問ごとに難易度も示されているので，数学が得意でない人は，まずは 易 ／ やや易 ／ 標準 で正解できることを目安としましょう。限界を自分で決めてしまってはいけません。「このレベルは無理！」とあきらめるのではなく，難しい問題でも粘り強く考えましょう。また，**解けた問題でも** 設問解説 と 研　究 を参考にしながら**解き直してみると，ちがった見方や発見がある**ことでしょう。

さまざまな角度から問題を楽しめるのが，数学の醍醐味です。ぜひ楽しみながら考えてください。この本をきっかけとして，志望校合格までの道を突き進んでください。読者のみなさんが共通テストで満足できる結果を残せるよう，健闘を祈ります。

最後になりましたが，編集などで大変お世話になった㈱KADOKAWAの山川徹氏と村本悠氏に感謝いたします。そして，献身的に支えてくれた妻の亜由美にも感謝します。いままで自分とかかわった生徒や先生方，友人にも感謝します。自分一人の力ではこの本は書けませんでした。

佐々木　誠

改訂版　大学入学共通テスト 数学Ⅱ・B　予想問題集　もくじ

本　冊

分析編

解答・解説編

別　冊

＊この本がもとづいているのは2021年7月時点での情報です。

この本の特長と使い方

【この本の構成】 以下が，この本の構成です。

別　冊

- 「問題編」：2021年に実施された共通テスト・第1日程と，今後出題される可能性が高い内容と形式による予想問題3回分の計4セット分からなります。予想問題では，本番そっくりの形式だけでなく，**すべての「数学Ⅱ・B」学習者が1度は解いておかなければならない重要問題も取り上げています。**

本　冊

- 「分析編」：共通テストの出題傾向を分析するだけでなく，**具体的な勉強法**などにも言及しています。
- 「解答・解説編」：たんなる問題の説明にとどまらず，共通テストの目玉方針である「思考力・判断力・表現力」の養成に役立つ**実践的な説明**がなされています。

【「解答・解説編」の構成】 以下が，大問ごとの解説に含まれる要素です。

- 難易度表示：易／やや易／標準／やや難／難 の5段階です。
- **着眼点**：その**大問のねらい**や**出題意図**をあぶり出すとともに，**解くために必要な発想**にも触れています。
- **設問解説**：**最も実践的で，なおかつ再現性の高い模範答案**となっています。また，以下の要素も含みます。
  - 補足：関連事項の説明
  - 別解：ほかの解法
- **研　究**：**設問解説**で扱った大問を**俯瞰的にとらえ直しています。重要な公式**や**考え方**もくわしく取り上げています。また，実際の出題の例題として 追加問題 まで収録し，至れり尽くせりです。

【この本の使い方】 共通テストは，解法パターンを覚えるだけでは得点できない試験です。この本の解説を，設問の正解・不正解にかかわらず**完全に理解できるまで何度も読み返す**ことにより，共通テストが求めている「思考力・判断力・表現力」を身につけましょう。

分析編

2021年1月実施　共通テスト・第1日程の大問別講評

＊併せて，別冊に掲載されている問題も参照してください。

第1問　30点

〔1〕 標準 **「三角関数」**の問題です。関数の最大値を求める問題が2つありました。⑴は正弦（サイン）の合成でよくある問題なので解きやすかったでしょう。⑵は関数に文字pが入って，加法定理を用いるというヒントがありましたが，余弦（コサイン）の合成をすることでとまどった人が多かったかもしれません。文字pで場合分けもされており，解答群の選択数が⓪～ⓑまで12個もあるため，見た目に圧倒されてしまいます。問題の難易度はそれほど高くないですが，難しく見えてしまう問題でした。

〔2〕 やや難 **「指数関数・対数関数」**の問題です。指数関数を含む2つの関数について考えます。⑴は関数の値を求めたり，最小値を求めたり，方程式を解いたりと，やることが多いですが典型問題でした。⑵は恒等式を導いています。式変形をするだけで答えにたどり着けるので，難しくはなかったでしょう。⑶は問題文の分量がほぼ1ページ分と多かったですが，解答は［ネ］の1つを埋めるだけでした。ここでは共通テストでおなじみの太郎さんと花子さんの会話が数学Ⅱ・Bで初登場しました。三角関数の加法定理と同じ性質をもつ等式をみつけるもので，「双曲線関数」が背景にあります。おもしろい問題なので，個人的にはマーク式よりも記述式の問題に適しているのではないかという印象でした。いずれにせよ，公式を丸暗記しているだけの受験生にとっては難しかったでしょう。

第2問　30点　標準 **「微分法・積分法」**の問題です。⑴は2つの2次関数のグラフの共通点を考える問題で，接線の方程式が出てくる理由を考えるとあっさり解答できます。後半は公式も存在する定番の面積の問題でしたが，文字があるのでややこしい式になります。このあとにグラフの概形を考えさせるのは共通テストらしい展開でした。⑵は3つの3次関数のグラフの共通点を考える問題ですが，⑴と同様に接線の方程式が出てくる理由を考えると解答できます。後半はグラフの概形と最大値を求める問題でした。文字や絶対値があるので煩雑ですが，難易度は高くありません。2020年以前のセンター試験ではこの第2問は計算量が多かったのですが，共通テストでは計算量は少なくなりました。そのぶん，関数に文字が入ったりグラフの概形を求めたりと，共通テストでは単なる計算では終わらない印象があります。

第3問 20点 標準 「**確率分布・統計的推測**」の問題です。Q高校の生徒の読書時間に関する統計を考察します。2018年の試行調査と同じ設定でした。また，かつてのセンター試験ではこの分野は**第5問**にありました。重要視するため**第3問**へと移動したのかもしれません。(1)は二項分布を勉強していれば易しかったでしょう。(2)は標準正規分布から正規分布表を用いて確率を求める問題で，センター試験時代から頻出の問題です。(3)と(5)は母平均 m に対する信頼度95％の信頼区間についての問題で，数値を求めるだけでなく意味も考えさせられる問題でした。(4)は統計の意味がわかれば解ける問題でした。総合的に見て，センター試験よりも意味を考えさせる問題が多くなったといってよいでしょう。

第4問 20点 標準 「**数列**」の問題です。等差数列 $\{a_n\}$ と等比数列 $\{b_n\}$ が出てきますが，(2)が和の計算で，あとは3つの漸化式を考察する問題になっています。ややこしい漸化式が続きますが，変形の方針が露骨に書いてあるので，そのとおりに解いていけば解答できます。とくに難しい問いはなかったので，数列の問題にある程度慣れている人であれば完答できたのではないでしょうか。(4)は必要十分条件を求める問題でした。マーク式なのでここでは答えを埋めればよいですが，記述式で出題されてもきちんと論証して得点源にしてほしい問題です。

第5問 20点 やや難 「**ベクトル**」の問題です。正十二面体をベクトルで考察するというものでした。正十二面体はどの面も正五角形ですが，問題に説明や図があるのでわかりやすかったでしょう。(1)は正五角形の対角線の長さをベクトルを用いて求める問題ですが，結果は問題文に記載があるので，式変形のみを答えればよいものでした。(2)はベクトルの内積や大きさを求めていきますが，式変形がある程度書いてあったため手は動かせたでしょう。最後の問題は対称性を考えて計算していけば答えは出ますが，正十二面体の中に立方体が埋め込まれていることを知識として知っていれば，有利な問題でした。

共通テストで求められる学力

【出題のねらい】 共通テストでは以下の学力の重要性が強調されています。

❶ 解決策を探るための**思考力**
❷ 臨機応変に対応できる**判断力**
❸ 自分の考えを整理する**表現力**

これらは，大学入試改革に盛り込まれている3要素です。その改革の中で注目されている学習法が**アクティブ・ラーニング**（学習者が能動的に学習に取り組む学習法）であり，この3要素を育成します。共通テストのねらいは，大学教育の基礎力となる知識および技能や思考力・判断力・表現力がどの程度身についているかを問うところにあります。しかし，この3要素は大学だけでなく，高校でも重視されています。ですから，大学入試は，**「高校教育でねらいとされる力」と「大学教育の入口段階で求められる力」の共通性をふまえている**のです。「共通テスト」という試験名には，全国一斉の「共通」テストという意味だけでなく，高校と大学に「共通」する学力をみるテストであるという意味も込められているのでしょう。

そのような出題のねらいから，共通テストは，公式の丸暗記やパターン学習では通用しません。きちんと数学がわかっていなければ点数はとれません。2021年の共通テストではいままで触れたことがない初見の問題が出ました。ただし，それは，ほとんどの人の手が出ない難問・奇問ではなく，きちんと数学を理解していれば点数がとれる問題です。そのような問題では，**解答にたどり着ける思考力**，**対応できる判断力**，**解答が正しいことを説明する表現力**が問われます。

【問題を解くために】 **共通テストでは，たんに覚えた公式を使って解くというやり方は通用しません。問題が解けることだけではなく，「数学を正しく理解すること」が求められている**からです。そのために必要な3つの力を，以下のように考えています。

❶ 定義・定理・用語を正確に理解し，冷静に問題を解く**数学力**
❷ 多角的に問題を分析し，要領よく効率的に問題を解く**技術力**
❸ ケアレスミスをせず問題を解ききる**計算力**

これらの1つでも欠けると，数学はできるようになりません。

❶について：**大学入試の基礎となっているのは文部科学省の検定教科書です。そこに書かれている定義・定理・用語を正しく理解することが，学習の基本中の基本です**。それができていないと「問題の意味がわからない」ということが起きてしまいます。また，限られた試験時間内に焦らず落ち着いて問題を解く力も必要です。地道に一つひとつ集中して解く経験を重ねていってください。解説を読んでもわからない場合などは，一度教科書に立ち返ってみるのもよいかもしれません。ふだんからしっかり勉強していれば，このような力はおのずとついてきます。いい加減に勉強している人ほど，試験場で手が止まってしまうのです。

❷について：数学では答えが１つに決まりますが，その過程はさまざまです。いろいろな角度から問題を解くことが大切です。実際に試行調査では，１つの問題にたいして，２つの方法で解かせる問題もありました。たとえば，「１つの定点Ｏからの距離が３である点の軌跡は？」と聞かれたら「中心がＯ，半径３の円」と答えるかもしれませんが，「中心がＯ，半径３の球」と考えることもできますね。平面でなく空間のように見方を変えるとちがったものがみえてくることもよくあります。また，複雑な計算を効率的にこなす力も必要になります。このような技術はパターン学習では絶対に身につかないので，ふだんから，**答えを出して納得するのではなく，「別の解法はないか」とか「工夫して解けないものか」と考えながら解くことが大切**です。その中から最適な解法をみつけてください。

❸について：計算力は体力のようなものです。スポーツでは体力がないとどうしようもないのと同様，数学でも計算力がないとどうしようもありません。数列では和の計算ができないと困りますし，ベクトルでは内積の計算ができないと手が止まってしまいます。問題によっては複雑な計算式になることがあるので，それをミスせずに解ききる計算力も必要です。共通テストは部分点がないマーク式なので，計算ミスを１つしたら大きな失点につながります。方針が立ち解き方もわかっているのに，計算ミスやケアレスミスで失点してしまう人がいますが，マーク式だと白紙答案と同じ扱いになってしまいます。ふだんから，**解く方針が立ったからといってそこで手を止めず，最後まで計算して答えを出しましょう**。そして，どのような問題にも対応できる，足腰がしっかり鍛えられた計算力を身につけてください。

共通テスト対策の具体的な学習法

マーク式の対策しかやっていないと，数学の問題を解くことよりも答えを出すことのほうに気が向いてしまうので，数学の力はさほど伸びません。もちろん共通テストでも高得点は望めないでしょう。その点，記述式だといいかげんな理解では解答は白紙になってしまうので，**記述式の対策を採れば，答えを出すだけではなく，解答にたどり着くまでの根拠とプロセスを必然的に意識することになります**。その結果，マーク式での得点力も伸びていくのです。だから，記述試験が導入されないとしても，共通テストで高得点を望むなら記述式の試験として対策をたてるべきです。ただし，共通テストには独特の出題形式があるので，記述式の対策を採りつつも，マーク式にも慣れてください。「共通テストはマーク式だから，なんとかなるだろう」などと甘く見てはいけません。

共通テストは，適当にマークしただけでは点がとれない試験です。ですから，共通テストで高得点をとりたければ，記述式問題が出題される国公立大2次試験や私立大入試までを視野に入れて取り組むべきです。

以下，勉強の仕方を具体的に説明していきます。

教科書の内容を正しく理解する：これが基本中の基本です。**教科書の内容を理解したかどうかは，単元ごとに載っている章末問題が解けるかどうかでわかります**。自力で解けるのであれば問題ありません。解けないのであれば教科書がまだ理解できていないことを意味するので，再度解き直してください。数学Ⅱ・Bの分野は内容が多くて苦労すると思いますが，焦らずじっくり理解できる分野を増やしていきましょう。

また，それでも気になる人は，**自分で理解した内容を自分以外のだれかに説明してみてください**。きちんと説明できるなら理解できているはずです。自分が数学の先生になったつもりで友達に教えたり，独りで「エア授業」をしてみたりするのもアリかもしれません（ただし，エア授業は人のいないところでやってください）。日ごろから，覚えたものはたんに頭に入れるだけでなく，それを表現するよう訓練しておいてください。実際，共通テストでは会話形式が出題されています。もしかしたら，あなたがほかの人に教えたときの会話と同じ内容が，共通テスト本番に出るかもしれません。11ページからの「単元別の学習法」に詳細を書いています。

演習をこなす：演習を多くこなすことも大事です。ただし，問題数をたんにこなすのではなく，答えを出したら別の解法を考えたりとじっくり試行錯誤して解いてください。また，共通テスト関連の模擬試験などを積極的に受験してみるのも効果的かと思います。共通テストと同じ試験範囲の2015～2020年度のセンター試験の過去問で演習するのも１つの方法です。ただし，センターは共通テストの形式と少し異なっているので，共通テストだったらこういう出題になるだろうなと，意識しながら解くと効果的だと思います。

もちろん，本書掲載の「2021年１月実施　共通テスト・第１日程」と「予想問題」３回分でしっかり演習すべきであることは言うまでもありません。

また，数学Ｂの分野は選択問題となっていますが「数列」「ベクトル」のみをやる人がほとんどかと思います。しかし，「確率分布と統計的推測」も理解できれば得点しやすく，この分野を理解することで，数学Ａの「データの分析」もちがった見方で解けるようにもなるので，やってみることをおすすめします。ただし，無理にやる必要はありません。

解説をすぐに見ない ：**やってはいけないのが，時間のむだだからといって，できない問題の解説をすぐに見てしまうことです**。自分で考えずにただ解説をながめたとしても，わかった気になるだけで力はつきません。

たとえば，将棋の場合は，自分で考えて駒を動かす練習をすることが強くなる近道です。いくらプロ棋士の対局を見ても決して強くはなりません。それと同じです。数学では「問題を解くために試行錯誤している時間」が非常に大切です。できない問題に対しても，自分がもっているベストの力で考えぬいてください。そのうえで解説を見ると，理解はぐんと深まります。

数学は，すぐにできるようになるものではありません。１日１日を大切に，日々精進してください。

単元別の学習法

【式と証明】

この分野は共通テストの基礎となります。「共通テストはマーク方式だから証明問題は出題されないだろう」という油断は禁物です。マーク方式で証明の方針を問うてくることも予想されます。証明された結果は，定理・公式として使うこともできます。とくに相加平均と相乗平均の大小関係は最頻出なので使えるようにしておきましょう。

【複素数と方程式】

複素数の基本的な計算はできるようにしておきましょう。実数，虚数，複素数がどのような数かを確認しておいてください。そうしないと，方程式の実数の解，虚数の解，複素数のちがいすら，わからなくなります。2次方程式と3次方程式は，解を求めることだけでなく解と係数の関係などを用いることもできるので，解法を整理しておきましょう。

【図形と方程式】

座標平面での直線や円の方程式を必ず理解しておきましょう。「2点間の距離」や「点と直線の距離」も問題なく求められるようにしておきたいです。軌跡の内容もしっかり演習しておくとよいでしょう。不等式の表す領域も何かと出題されそうなので，注意しておいてください。

【三角関数】

正弦（サイン），余弦（コサイン），正接（タンジェント）の定義をしっかりと理解し，グラフの概形も描けるようにしておきましょう。最も重要なのは加法定理で，そこから2倍角の公式，半角の公式，合成，和積公式，積和公式などを導くことができます。ただ，共通テストは試験時間が短いため，できれば公式は頭に入れておき，試験中にすぐに使えるよう練習しておくと有利です。また，三角関数を含む方程式や不等式，三角関数の最大値・最小値を求める問題にも慣れておきましょう。

【指数関数と対数関数】

指数法則，対数法則，対数の底の変換はふつうに使えるようにしておき，グラフの概形も描けるようにしておきましょう。また，指数関数や対数関数を含む方程式，不等式の問題も難なく解けるようにしておくとよいでしょう。指数関数や対数関数の最大値・最小値も求められるようにしておいてください。常用対数は，大きい数や小さい数を扱うのに便利で，どのように使われるのかも理解しておきましょう。

【微分法と積分法】

微分係数の図形的な意味も確認しておいてほしいです。導関数の増減から極値を調べられるようにしておくとよいでしょう。そのさいは，必ずグラフもイメージできるようにしてください。積分については性質をよく理解しておくべきです。また，定積分を用いて面積を求めることができるようにしておきましょう。マーク方式なので，面積公式も使えるようにしておくと，解答時間の短縮にもなり有利です。

【確率分布と統計的な推測】

この分野は多くの大学で試験範囲外になっているため，勉強している人は少ないかもしれません。共通テストの対策としては，確率分布の基本をしっかりと理解しておくとよいです。とくに，二項分布，正規分布が重要です。統計的な推測では，「母平均の推定」と「母比率の推定」が定番です。式が表す意味も正しく理解しておくとよいでしょう。

【数　列】

等差数列，等比数列の 2 つの数列についてはしっかりと理解しておきましょう。階差数列もセンター試験時代はよく出題されていました。Σの計算にも慣れておいてほしいです。また，漸化式は慣れも必要なので，いろいろな形の漸化式の問題を演習して経験値をあげておきましょう。数学的帰納法についてもまったく手をつけない，というのはやめて，どのようなものかをきちんと理解しておいてください。

【ベクトル】

平面ベクトルも空間ベクトルも，理解するうえでやるべきことはほとんど同じです。ベクトルの意味を理解し，加法，減法，実数倍で式変形をできるようにしましょう。内積や成分計算もふつうにできるようにしておきましょう。また，位置ベクトルも重要です。直線上に点がある条件（共線条件）や平面上に点がある条件（共面条件）はベクトルを用いて立式できるようにしておきましょう。さらに，垂直条件などもあります。ベクトルはやることが多いため，さまざまな問題で演習を積んでおいてください。

2021年1月実施
共通テスト・第1日程
解答・解説

問題番号（配点）	解答記号	正　解	配点
第1問（30）	$\sin\frac{\pi}{ア}$	$\sin\frac{\pi}{3}$	2
	イ	2	2
	$\frac{\pi}{ウ}$, エ	$\frac{\pi}{6}$, 2	2
	$\frac{\pi}{オ}$, カ	$\frac{\pi}{2}$, 1	1
	キ	⑨	2
	ク	①	1
	ケ	③	1
	コ, サ	①, ⑨	2
	シ, ス	②, ①	2
	セ	1	1
	ソ	0	1
	タ	0	1
	チ	1	1
	$\log_2(\sqrt{ツ}-テ)$	$\log_2(\sqrt{5}-2)$	2
	ト	⓪	1
	ナ	③	1
	ニ	1	2
	ヌ	2	2
	ネ	①	3
第2問（30）	ア	3	1
	イx＋ウ	$2x+3$	2
	エ	④	2
	オ	c	1
	カx＋キ	$bx+c$	2
	$\frac{クケ}{コ}$	$\frac{-c}{b}$	1
	$\frac{ac^{サ}}{シb^{ス}}$	$\frac{ac^3}{3b^3}$	4
	セ	⓪	3
	ソ	5	1
	タx＋チ	$3x+5$	2
	ツ	d	1
	テx＋ト	$cx+d$	2
	ナ	②	3
	$\frac{ニヌ}{ネ}$, ノ	$\frac{-b}{a}$, 0	2
	$\frac{ハヒフ}{ヘホ}$	$\frac{-2b}{3a}$	3

問題番号（配点）	解答記号	正　解	配点
第3問（20）	ア	③	2
	イウ	50	2
	エ	5	2
	オ	①	2
	カ	②	1
	キクケ	408	2
	コサ.シ	58.8	2
	ス	③	2
	セ	③	1
	ソ, タ	②, ④（解答の順序は問わない）	4（各2）
第4問（20）	ア＋$(n-1)p$	$3+(n-1)p$	1
	イr^{n-1}	$3r^{n-1}$	1
	ウ$a_{n+1}=r(a_n+$エ$)$	$2a_{n+1}=r(a_n+3)$	2
	オ, カ, キ	2, 6, 6	2
	ク	3	2
	$\frac{ケ}{コ}n(n+サ)$	$\frac{3}{2}n(n+1)$	2
	シ, ス	3, 1	2
	$\frac{セa_{n+1}}{a_n+ソ}c_n$	$\frac{4a_{n+1}}{a_n+3}c_n$	2
	タ	②	2
	$\frac{チ}{q}(d_n+u)$	$\frac{2}{q}(d_n+u)$	2
	$q>$ツ	$q>2$	1
	$u=$テ	$u=0$	1
第5問（20）	アイ	36	2
	ウ	a	2
	エ－オ	$a-1$	3
	$\frac{カ+\sqrt{キ}}{ク}$	$\frac{3+\sqrt{5}}{2}$	2
	$\frac{ケ-\sqrt{コ}}{サ}$	$\frac{1-\sqrt{5}}{4}$	3
	シ	⑨	3
	ス	⓪	3
	セ	⓪	2

（注）
第1問，第2問は必答。第3問～第5問のうちから2問選択。計4問を解答。

第1問 数学Ⅱ

1 三角関数 標準

着眼点

(1) **正弦**（サイン）**の合成**をして**最大値**を求める。

(2) **余弦**（コサイン）**の合成**をして，p の値で**場合分け**をして最大値を求める。

設問解説

(1) やや易

$\sin\frac{\pi}{\boxed{3}_{ア}}=\frac{\sqrt{3}}{2}$，$\cos\frac{\pi}{3}=\frac{1}{2}$

$$y=\sin\theta+\sqrt{3}\cos\theta=2\left(\frac{1}{2}\sin\theta+\frac{\sqrt{3}}{2}\cos\theta\right)$$

$$=2\left(\sin\theta\cos\frac{\pi}{3}+\cos\theta\sin\frac{\pi}{3}\right)$$

$$=\boxed{2}_{イ}\sin\left(\theta+\frac{\pi}{3}\right)$$

$\sin\left(\theta+\frac{\pi}{3}\right)$ が最大値をとるときに y は最大値をとる。

$0\leqq\theta\leqq\frac{\pi}{2}$ より $\frac{\pi}{3}\leqq\theta+\frac{\pi}{3}\leqq\frac{5}{6}\pi$　であるから

$\sin\left(\theta+\frac{\pi}{3}\right)\leqq 1$

$\sin\left(\theta+\frac{\pi}{3}\right)=1$　となるのは，

$\theta+\frac{\pi}{3}=\frac{\pi}{2}$　すなわち　$\theta=\frac{\pi}{6}$

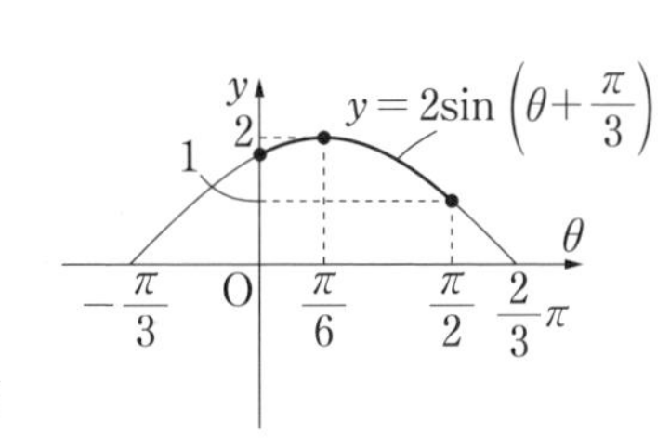

$\sin\left(\theta+\frac{\pi}{3}\right)$ は　$\theta=\frac{\pi}{6}$　で最大値 1 をとる。

よって，y は　$\theta=\frac{\pi}{\boxed{6}_{ウ}}$　で最大値 $\boxed{2}_{エ}$ をとる。

(2) 標準

pを定数として，関数　$y=\sin\theta+p\cos\theta$　$\left(0\leqq\theta\leqq\dfrac{\pi}{2}\right)$　の最大値を求める。

（i）　$p=0$　のとき

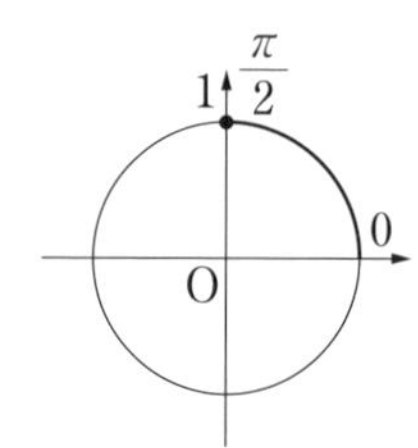

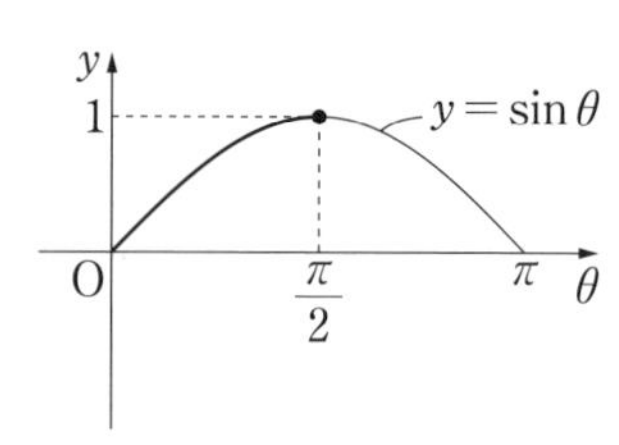

$y=\sin\theta$

$\theta=\dfrac{\pi}{\boxed{2}_{オ}}$　で最大値

$\boxed{1}_{カ}$をとる。

（ii）　$p>0$　のとき

$y=\sin\theta+p\cos\theta$

$=\sqrt{1+p^2}\left(\dfrac{1}{\sqrt{1+p^2}}\sin\theta+\dfrac{p}{\sqrt{1+p^2}}\cos\theta\right)$

$=\sqrt{1+p^2}(\cos\theta\cos\alpha+\sin\theta\sin\alpha)$

$=\sqrt{\mathbf{1}+\boldsymbol{p}^2}\cos(\theta-\alpha)$　⑨キ

ただし，$\sin\alpha=\dfrac{\mathbf{1}}{\sqrt{1+p^2}}$，$\cos\alpha=\dfrac{\boldsymbol{p}}{\sqrt{1+p^2}}$，$0<\alpha<\dfrac{\pi}{2}$　①ク，③ケ

$\cos(\theta-\alpha)$が最大値をとるときに，yは最大値をとる。

$0\leqq\theta\leqq\dfrac{\pi}{2}$　より　$-\alpha\leqq\theta-\alpha\leqq\dfrac{\pi}{2}-\alpha$

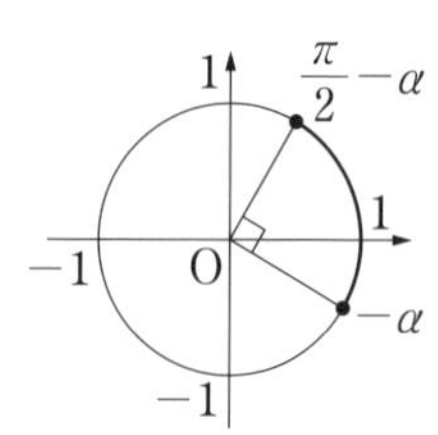

であるから，$\cos(\theta-\alpha)\leqq1$

$\cos(\theta-\alpha)=1$　となるのは　$\theta-\alpha=0$

すなわち　$\theta=\alpha$

$\cos(\theta-\alpha)$は　$\theta=\alpha$　で最大値1をとる。

よって，yは　$\theta=\boldsymbol{\alpha}$　で最大値$\sqrt{\mathbf{1}+\boldsymbol{p}^2}$をとる。①コ，⑨サ

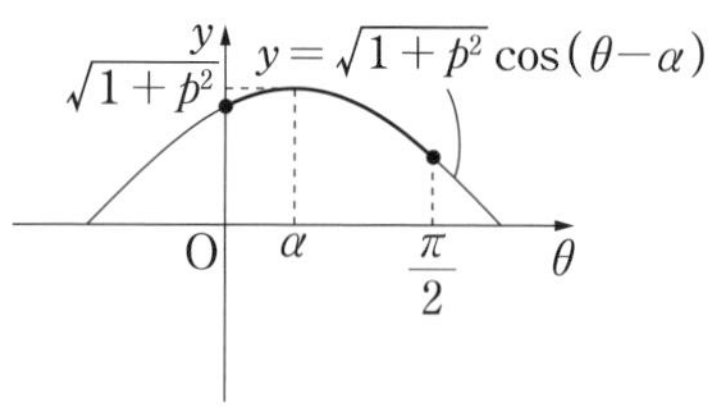

（iii）　$p<0$　のとき

$0\leqq\theta\leqq\dfrac{\pi}{2}$　において　$\sin\theta\leqq1$，$p\cos\theta\leqq0$

等号が成り立つのはいずれも　$\theta=\dfrac{\pi}{2}$

これより　$y=\sin\theta+p\cos\theta\leqq 1$

等号が成り立つのは　$\theta=\dfrac{\pi}{2}$

よって，y は　$\theta=\boldsymbol{\dfrac{\pi}{2}}$　で最大値 **1** をとる。 ②シ，①ス

別解　$p<0$　のとき

(ⅱ)と同様で，

$$y=\sin\theta+p\cos\theta$$
$$=\sqrt{1+p^2}\cos(\theta-\alpha)$$

ただし，$\sin\alpha=\dfrac{1}{\sqrt{1+p^2}}$，$\cos\alpha=\dfrac{p}{\sqrt{1+p^2}}$

$\sin\alpha>0$，$\cos\alpha<0$　であるから　$\dfrac{\pi}{2}<\alpha<\pi$　とする。

$\cos(\theta-\alpha)$ が最大値をとるときに y は最大値をとる。

$0\leqq\theta\leqq\dfrac{\pi}{2}$　なので　$(-\pi<)-\alpha\leqq\theta-\alpha\leqq\dfrac{\pi}{2}-\alpha\,(<0)$

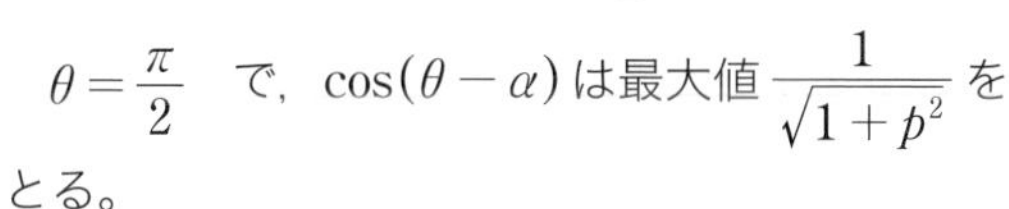

$$\cos(\theta-\alpha)\leqq\cos\left(\frac{\pi}{2}-\alpha\right)=\sin\alpha=\frac{1}{\sqrt{1+p^2}}$$

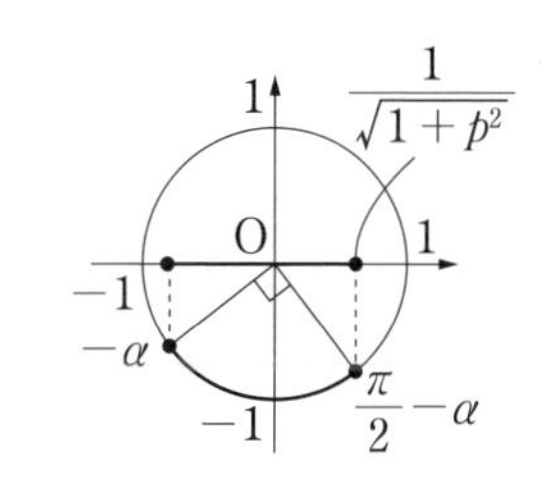

等号が成り立つのは　$\theta=\dfrac{\pi}{2}$

$\theta=\dfrac{\pi}{2}$　で，$\cos(\theta-\alpha)$ は最大値 $\dfrac{1}{\sqrt{1+p^2}}$ をとる。

よって，$\theta=\dfrac{\pi}{2}$　で y は最大値 $\sqrt{1+p^2}\cdot\dfrac{1}{\sqrt{1+p^2}}=1$ をとる。

②シ，①ス

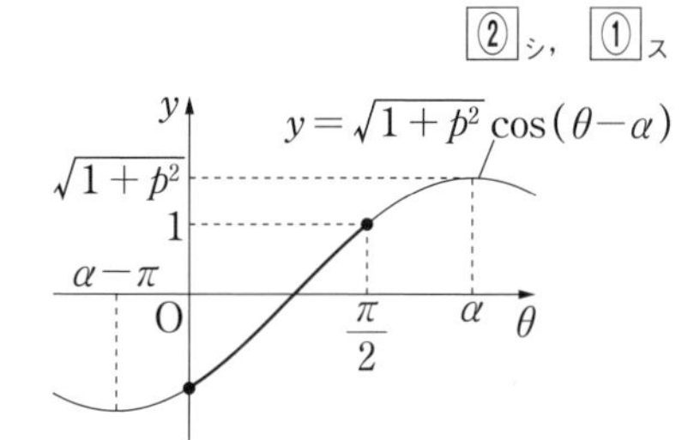

研　究

三角関数

三角関数の合成を用いて最大値を求める問題。合成は正弦と余弦の両方を考える。合成の方法を知らなくても，問題文にあるように加法定理を用いると変形できる。

(1)　三角関数の正弦の合成をする。解答例では加法定理

$$\sin(\alpha+\beta)=\sin\alpha\cos\beta+\cos\alpha\sin\beta$$

を用いて変形した。

正弦の合成の角 α は下にある右の図を描くとイメージしやすい。

正弦の合成

a，b を $(a,\ b)\neq(0,\ 0)$ となる実数の定数とする。

$$\boldsymbol{a\sin\theta+b\cos\theta=\sqrt{a^2+b^2}\sin(\theta+\alpha)}$$

ただし，$\boldsymbol{\cos\alpha=\dfrac{a}{\sqrt{a^2+b^2}}}$，$\boldsymbol{\sin\alpha=\dfrac{b}{\sqrt{a^2+b^2}}}$

$\sqrt{a^2+b^2}$　$(a,\ b)$　b　α　O　a

合成したあとは，角の範囲に注意して　$y=2\sin\left(\theta+\dfrac{\pi}{3}\right)$　の最大値を求めることになる。2 が正の定数なので，$\sin\left(\theta+\dfrac{\pi}{3}\right)$ が最大値をとるときに y は最大値をとる。このことから，設問解説 では $\sin\left(\theta+\dfrac{\pi}{3}\right)$ の最大値を求め，その値を 2 倍して y の最大値を求めている。

$\sin\left(\theta+\dfrac{\pi}{3}\right)$ の最大値は，角の範囲に注意して単位円で求めることができる。また，$y=2\sin\left(\theta+\dfrac{\pi}{3}\right)$　のグラフを描いて y の最大値を求めることもできる。

くどい話にはなるが，なんとなく求めているかもしれないので，関数の最大値，最小値の定義を確認しておく。これが理解できていると(2)(iii)はあっさり求められる。

関数の最大値・最小値

[1]　x の関数　$y=f(x)$　の**最大値**とは
定義域内のすべての x に対して　$\boldsymbol{y\leqq M}$　かつ　$\boldsymbol{y=M}$　となる
$\boldsymbol{x}$ **が存在するときの** $\boldsymbol{M}$

[2]　x の関数　$y=f(x)$　の**最小値**とは
定義域内のすべての x に対して　$\boldsymbol{y\geqq m}$　かつ　$\boldsymbol{y=m}$　となる
$\boldsymbol{x}$ **が存在するときの** $\boldsymbol{m}$

本問では y は θ の関数であるが，$y=2\sin\left(\theta+\dfrac{\pi}{3}\right)\leqq 2$

等号が成り立つのは　$\theta=\dfrac{\pi}{6}$

よって，y は　$\theta=\dfrac{\pi}{6}$　で最大値 2 をとるということである。

(2)　p の値で場合分けをして，y の最大値を求める。

(i)　$p=0$　のときは，$y=\sin\theta$　なので最大値はすぐに求められる。

(ii)　$p>0$　のときは，余弦で合成するが，問題文にあるように加法定理を用いて変形することができる。

余弦の合成の角 α は，正弦の合成と同様に図を描くとイメージしやすい。

余弦の合成

a，b を　$(a,\ b)\neq(0,\ 0)$　となる実数の定数とする。

$$\boldsymbol{a\cos\theta+b\sin\theta=\sqrt{a^2+b^2}\cos(\theta-\alpha)}$$

ただし，$\boldsymbol{\cos\alpha=\dfrac{a}{\sqrt{a^2+b^2}}}$，$\boldsymbol{\sin\alpha=\dfrac{b}{\sqrt{a^2+b^2}}}$

正弦の合成と同じようにできるが，合成したい三角比（$\sin\theta$ または $\cos\theta$）の係数を横軸にとることに注意する。たとえば，正弦で合成するなら $\sin\theta$ の係数 a を横軸に，余弦で合成するなら $\cos\theta$ の係数 a を横軸にとるような点 $(a,\ b)$ を考える。

合成したあとは，角の範囲に注意して　$y=\sqrt{1+p^2}\cos(\theta-\alpha)$　の最大値を求めることになる。

$\sqrt{1+p^2}$ が正の定数なので，$\cos(\theta-\alpha)$ が最大値をとるときに y は最大値をとる。このことから，**設問解説** では $\cos(\theta-\alpha)$ の最大値を求め，その値を $\sqrt{1+p^2}$ 倍して y の最大値を求めている。$\cos(\theta-\alpha)$ の最大値は角の範囲に注意して単位円で求めることができる。また $y=\sqrt{1+p^2}\cos(\theta-\alpha)$ のグラフを描いて y の最大値を求めることができる。

(iii)　$p<0$　のときは，

別解 のように(ii)と同様に余弦の合成を利用してもよいが，合成しなくても不等式を考えると最大値は求められる。

$0\leqq\theta\leqq\dfrac{\pi}{2}$　において $\sin\theta$ と $p\cos\theta$ はともに単調増加であることから　$\theta=\dfrac{\pi}{2}$ で y が最大になることがわかる。

設問解説 では(1)で説明した最大値の定義にもとづいて求めている。

$\sin\theta\leqq 1$，$p\cos\theta\leqq 0$　であるから，$y=\sin\theta+p\cos\theta\leqq 1$

等号が成り立つ条件は，$\sin\theta=1$　かつ　$\cos\theta=0$　であるから，$\theta=\dfrac{\pi}{2}$

よって，y は　$\theta=\dfrac{\pi}{2}$　で最大値 1 をとる。

注意しておくと，このような解法は等号が成り立たないと意味がない。
たとえば，(1)の 問題A では使えない。次の何が間違いか説明できるだろうか？

> $0\leqq\theta\leqq\dfrac{\pi}{2}$　において，
>
> $$\sin\theta\leqq1,\quad\cos\theta\leqq1$$
>
> であるから，
>
> $$y=\sin\theta+\sqrt{3}\cos\theta\leqq1+\sqrt{3}$$
>
> よって，y の最大値は $1+\sqrt{3}$

$\sin\theta=1$　かつ　$\cos\theta=1$　となる θ が存在しないので，$y=1+\sqrt{3}$　にはならないので等号が成り立たない。つまり $1+\sqrt{3}$ は y の最大値にならない。

$y<1+\sqrt{3}$　がわかっただけである。

2 指数関数・対数関数 標準

着眼点

2つの指数関数 $f(x)$, $g(x)$ について考察する。

(1) 関数 $f(x)$ の最小値を求める。また，方程式を解く。

(2) x にどのような値を代入しても，つねに成り立つ式（恒等式）を調べる。

(3) 三角関数の加法定理のように $f(x)$, $g(x)$ に関する等式を考える。

設問解説

$$f(x)=\frac{2^x+2^{-x}}{2},\quad g(x)=\frac{2^x-2^{-x}}{2}$$

(1) 標準

$$f(0)=\frac{2^0+2^0}{2}=\frac{1+1}{2}=\boxed{1}_{セ}$$

$$g(0)=\frac{2^0-2^0}{2}=\frac{1-1}{2}=\boxed{0}_{ソ}$$

相加平均と相乗平均の関係を用いて，$f(x)=\dfrac{2^x+2^{-x}}{2}\geqq\sqrt{2^x\cdot 2^{-x}}=1$

等号が成り立つのは，$2^x=2^{-x}$ より $x=-x$ すなわち $x=0$

よって，$f(x)$ は $x=\boxed{0}_{タ}$ で最小値 $\boxed{1}_{チ}$ をとる。

$g(x)=-2$ とすると，

$$\frac{2^x-2^{-x}}{2}=-2 \quad \cdots\cdots ㊟$$

$2^x=t$ とおくと $t>0$ であり $x=\log_2 t$

$$2^{-x}=\frac{1}{2^x}=\frac{1}{t}$$

これより，㊟は $\dfrac{1}{2}\left(t-\dfrac{1}{t}\right)=-2$

両辺に $2t$ をかけて $t^2-1=-4t$ すなわち $t^2+4t-1=0$

$\therefore\ t=-2\pm\sqrt{5}$

$t>0$ であるから $t=-2+\sqrt{5}$

よって $x=\log_2\left(\sqrt{\boxed{5}_{ツ}}-\boxed{2}_{テ}\right)$

(2) 標準

xにどのような値を代入してもつねに成り立つ等式を調べる。

$$f(-x)=\frac{2^{-x}+2^{-(-x)}}{2}=\frac{2^{-x}+2^{x}}{2}$$
$$=\boldsymbol{f(x)}\ \boxed{0}_{ト}\qquad \cdots\cdots①$$

$$g(-x)=\frac{2^{-x}-2^{-(-x)}}{2}=\frac{2^{-x}-2^{x}}{2}=-\frac{2^{x}-2^{-x}}{2}$$
$$=\boldsymbol{-g(x)}\ \boxed{3}_{ナ}\qquad \cdots\cdots②$$

$$\{f(x)\}^2-\{g(x)\}^2=\{f(x)+g(x)\}\{f(x)-g(x)\}$$
$$=\frac{2\cdot 2^{x}}{2}\cdot\frac{2\cdot 2^{-x}}{2}=2^{x}\cdot 2^{-x}$$
$$=\boxed{\mathbf{1}}_{ニ}\qquad \cdots\cdots③$$

別解 $$\{f(x)\}^2-\{g(x)\}^2=\left(\frac{2^{x}+2^{-x}}{2}\right)^2-\left(\frac{2^{x}-2^{-x}}{2}\right)^2$$
$$=\frac{2^{2x}+2+2^{-2x}}{4}-\frac{2^{2x}-2+2^{-2x}}{4}=\frac{4}{4}$$
$$=\boxed{\mathbf{1}}_{ニ}\qquad \cdots\cdots③$$

$$g(2x)=\frac{2^{2x}-2^{-2x}}{2}=\frac{(2^{x})^2-(2^{-x})^2}{2}=\frac{(2^{x}+2^{-x})(2^{x}-2^{-x})}{2}$$
$$=2\cdot\frac{2^{x}+2^{-x}}{2}\cdot\frac{2^{x}-2^{-x}}{2}$$
$$=\boxed{\mathbf{2}}_{ヌ}f(x)g(x)\qquad \cdots\cdots④$$

(3) やや難

太郎さんが考えた式

$$f(\alpha-\beta)=f(\alpha)g(\beta)+g(\alpha)f(\beta) \quad \cdots\cdots(A)$$
$$f(\alpha+\beta)=f(\alpha)f(\beta)+g(\alpha)g(\beta) \quad \cdots\cdots(B)$$
$$g(\alpha-\beta)=f(\alpha)f(\beta)+g(\alpha)g(\beta) \quad \cdots\cdots(C)$$
$$g(\alpha+\beta)=f(\alpha)g(\beta)-g(\alpha)f(\beta) \quad \cdots\cdots(D)$$

$\beta=0$ として，(1)より $f(0)=1$，$g(0)=0$ であることから整理すると，

$$f(\alpha)=f(\alpha)g(0)+g(\alpha)f(0)=g(\alpha) \quad \cdots\cdots(A)$$
$$f(\alpha)=f(\alpha)f(0)+g(\alpha)g(0)=f(\alpha) \quad \cdots\cdots(B)$$
$$g(\alpha)=f(\alpha)f(0)+g(\alpha)g(0)=f(\alpha) \quad \cdots\cdots(C)$$
$$g(\alpha)=f(\alpha)g(0)-g(\alpha)f(0)=-g(\alpha) \quad \cdots\cdots(D)$$

これより(A)，(C)，(D)はつねに成り立つわけではない。

$$((B)の左辺)=f(\alpha+\beta)=\frac{2^{\alpha+\beta}+2^{-\alpha-\beta}}{2}$$

$$\begin{aligned}((B)の右辺)&=f(\alpha)f(\beta)+g(\alpha)g(\beta)\\&=\frac{2^{\alpha}+2^{-\alpha}}{2}\cdot\frac{2^{\beta}+2^{-\beta}}{2}+\frac{2^{\alpha}-2^{-\alpha}}{2}\cdot\frac{2^{\beta}-2^{-\beta}}{2}\\&=\frac{2^{\alpha+\beta}+2^{\alpha-\beta}+2^{-\alpha+\beta}+2^{-\alpha-\beta}}{4}\\&\qquad+\frac{2^{\alpha+\beta}-2^{\alpha-\beta}-2^{-\alpha+\beta}+2^{-\alpha-\beta}}{4}\\&=\frac{2(2^{\alpha+\beta}+2^{-\alpha-\beta})}{4}\\&=\frac{2^{\alpha+\beta}+2^{-\alpha-\beta}}{2}\end{aligned}$$

(B)は左辺と右辺がつねに等しいので成り立つ。

よって，**(B)**以外の3つは成り立たないことがわかる。 ① ネ

研　究

指数関数・対数関数

2つの関数 $f(x)$, $g(x)$ を考察する問題。問われていることを埋めていけばよい。

(1) やるべきことがいろいろある小問だが，$2^0=1$, $2^{-x}=\dfrac{1}{2^x}$ などの基本事項を用いて計算をしていく。

$f(x)$ の最小値は問題文に「相加平均と相乗平均の関係から」と書いてあるのでそのとおりやるとよい。

相加平均と相乗平均の関係については次のとおりである。

相加平均と相乗平均の関係

$a>0$, $b>0$　のとき

(a と b の相加平均)≧(a と b の相乗平均)

つまり

$$\frac{a+b}{2} \geqq \sqrt{ab}$$

等号が成り立つ条件は　$a=b$

この不等式は，2つの正の数の和または積が一定値になるときによく使う。

本問では2つの正の数 2^x, 2^{-x} の積が一定値1になるので使える。その変形は，

$$2^x \cdot 2^{-x} = 2^x \cdot \frac{1}{2^x} = 1 \quad \text{あるいは} \quad 2^x \cdot 2^{-x} = 2^{x+(-x)} = 2^0 = 1$$

等号が成り立つことから最小値は求められる。**第1問[1]** の 研究 (p.18) に最小値の定義を書いている。

$g(x)=-2$　となる x については直接求められるならそれでよいが，設問解説 では　$2^x=t$　とおき，t の2次方程式を解いている。$2^x>0$　なので，$t>0$　であることに注意する。

(2) x の恒等式を考える。①～④でそれぞれの左辺を変形するとよい。

①，②が成り立つことから，$f(x)$ は偶関数，$g(x)$ は奇関数であることがわかる。偶関数，奇関数については次のようになる。

偶関数

x の関数 $f(x)$ において，つねに　$f(-x)=f(x)$　が成り立つとき $f(x)$ を**偶関数**(ぐうかんすう)という。

偶関数　$y=f(x)$　のグラフは y 軸に関して対称である。

たとえば x^2, x^4, $\cos x$, $|x|$, 3 などは，偶関数になる。

奇関数

x の関数 $g(x)$ において，つねに　$g(-x)=-g(x)$　が成り立つとき
$g(x)$ を**奇関数**(きかんすう)という。

奇関数　$y=g(x)$　のグラフは原点に関して対称である。

たとえば x，x^3，$\sin x$，$\tan x$ などは，奇関数になる。

⑶「つねに成り立つ」とは「どのような α，β に対しても成り立つ」ということから，会話にあるように β に具体的な値を代入して必要条件を考えるとよい。

$\beta=0$　とすると，⑴の結果も利用できて答えがⒷに絞られる。問題文に「左辺と右辺をそれぞれ計算することによって成り立つことが確かめられる」とあるので，実際の試験場では成り立つことの証明は省いて，すぐに次の問題に進むべきである。

ただ，設問解説 ではきちんと計算して，十分であることを確認しておいた。

このような問題をマーク方式にするのはもったいない気がする。

この先は，この問題の背景を説明しておこう。これは，数学Ⅲの内容を含み，共通テストの範囲外になるのでスルーしてもよい。

三角関数に対して双曲線関数というものがあり，次のようになる。

双曲線関数

指数関数 e^x を用いて

$$\cosh x=\frac{e^x+e^{-x}}{2}\quad \text{(hyperbolic cosine } x\text{)}$$

（ハイパーボリック コサイン）

$$\sinh x=\frac{e^x-e^{-x}}{2}\quad \text{(hyperbolic sine } x\text{)}$$

（ハイパーボリック サイン）

e は，自然対数の底といわれる 2.718 …の無理数であるが，本問では e ではなく 2 として，

$$f(x)=\cosh x,\ g(x)=\sinh x$$

としている。

三角関数では　$\cos(-x)=\cos x$，$\sin(-x)=-\sin x$　が成り立つが，⑵①，②でみたように，双曲線関数でも同じように成り立つ。

$$\cosh(-x)=\cosh x,\ \sinh(-x)=-\sinh x$$

これは $f(x)$ が偶関数，$g(x)$ が奇関数だからである。

また，三角関数では，

$$\cos^2 x + \sin^2 x = 1$$

が成り立つが，(2)③でみたように，プラスがマイナスになって成り立つ。

$$\cosh^2 x - \sinh^2 x = 1$$

一般に　$X^2 + Y^2 = 1$　は円を表すが，$X^2 - Y^2 = 1$　は双曲線を表す。

三角関数の加法定理

[1]　$\sin(\alpha + \beta) = \sin\alpha\cos\beta + \cos\alpha\sin\beta$

[2]　$\cos(\alpha + \beta) = \cos\alpha\cos\beta - \sin\alpha\sin\beta$

と同じように双曲線関数でも成り立つが[2]の右辺は符号がプラスになる。

双曲線関数の加法定理

[1]　$\sinh(\alpha + \beta) = \sinh\alpha\cosh\beta + \cosh\alpha\sinh\beta$

[2]　$\cosh(\alpha + \beta) = \cosh\alpha\cosh\beta + \sinh\alpha\sinh\beta$

[1]で　$\alpha = \beta$　とすると，$\sinh 2\alpha = 2\sinh\alpha\cosh\alpha$　が成り立ち，2倍角の公式と同じになる。これは(2)④の　$g(2x) = 2f(x)g(x)$　のことである。

太郎さんが考えた式(B)の　$f(\alpha + \beta) = f(\alpha)f(\beta) + g(\alpha)g(\beta)$　が成り立つことを確認したが，これは[2]のことである。

ちなみに[1]も成り立つので，$g(\alpha + \beta) = g(\alpha)f(\beta) + f(\alpha)g(\beta)$　が成り立つことを確かめてみるとよい。

というわけで，双曲線関数を背景にした問題であった。

第2問　数学Ⅱ

微分・積分 

着眼点

曲線上の x 座標が0の点（y 軸上の点）における接線を考える。

(1)　2つの2次関数のグラフの共通点を考える。面積を求め，グラフの概形を選ぶ。

(2)　3つの3次関数のグラフの共通点を考える。グラフの概形を考え，最大になるときを考える。

設問解説

(1)　標準

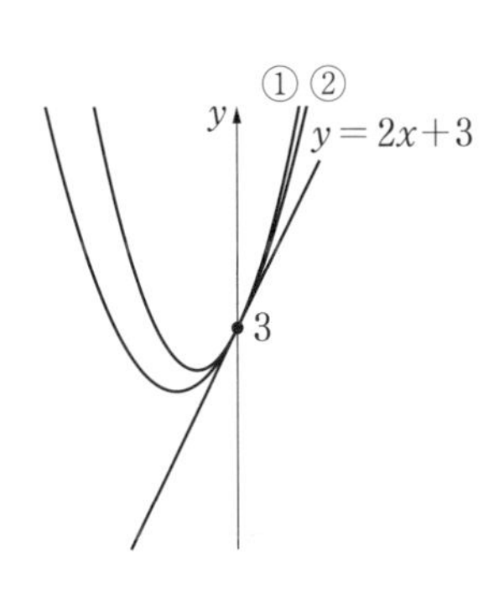

$$y = 3x^2 + 2x + 3 \quad \cdots\cdots ①$$

$$y = 2x^2 + 2x + 3 \quad \cdots\cdots ②$$

①，②で　$x = 0$　として　$y = 3$

y 軸との交点の y 座標は $\boxed{3}_ア$

つまり，①，②は y 軸上の点 $(0,\ 3)$ を通る。

①，②をそれぞれ x で微分して，

$$y' = 6x + 2$$

$$y' = 4x + 2$$

$x = 0$　としていずれも　$y' = 2$

y 軸との交点 $(0,\ 3)$ における接線の方程式は　$y = \boxed{2}_イ\, x + \boxed{3}_ウ$

……ⓐ

y 軸との交点における接線の方程式がⓐとなるものを解答群⓪～⑤から1つ選ぶ。

y 軸との交点が $(0,\ 3)$ であることから，y 切片は3なので⓪，①，②は不適，③，④，⑤が適する。③，④，⑤について，$x = 0$　における微分係数を調べると下の表のようになる。

よって，$\boxed{④}_エ$

	y'	傾き（$x = 0$ における微分係数）
③	$4x - 2$	-2
④	$-2x + 2$	2
⑤	$-2x - 2$	-2

補足　ⓐ：$y=2x+3$　と④：$y=-x^2+2x+3$　を連立してyを消すと

$-x^2=0$

$x=0$　を重解にもつのでⓐと④のグラフはx座標が0の点において接している。

$y=ax^2+bx+c$において　$x=0$　とすると，

$$y=\boxed{c}_{オ}$$

$y'=2ax+b$　で　$x=0$　とすると　$y'=b$

よって，$y=ax^2+bx+c$　上の点$(0,\ \boxed{c}_{オ})$

における接線をℓとすると，$\ell：y=\boxed{b}_{カ}x+\boxed{c}_{キ}$

別解　$\begin{cases} y=ax^2+bx+c \\ y=bx+c \end{cases}$　を連立してyを消すと　$ax^2=0$

$a\neq 0$　より　$x=0$　を重解にもつので，これらのグラフはx座標が0の点において接している。

よって　$\ell：y=\boxed{b}_{カ}x+\boxed{c}_{キ}$

接線ℓで　$y=0$　として　$bx+c=0$

$b\neq 0$より　∴　$x=\dfrac{\boxed{-c}_{クケ}}{\boxed{b}_{コ}}$

曲線　$y=ax^2+bx+c$　$(a>0,\ b>0,\ c>0)$と接線ℓおよび直線

$x=-\dfrac{c}{b}$　で囲まれた図形の面積をSとすると，

$$S=\int_{-\frac{c}{b}}^{0}\{ax^2+bx+c-(bx+c)\}dx$$

$$=\int_{-\frac{c}{b}}^{0}ax^2\,dx$$

$$=\left[\frac{a}{3}x^3\right]_{-\frac{c}{b}}^{0}=0-\frac{a}{3}\left(-\frac{c}{b}\right)^3$$

$$=\frac{ac^{\boxed{3}_{サ}}}{\boxed{3}_{シ}b^{\boxed{3}_{ス}}}\quad\cdots\cdots③$$

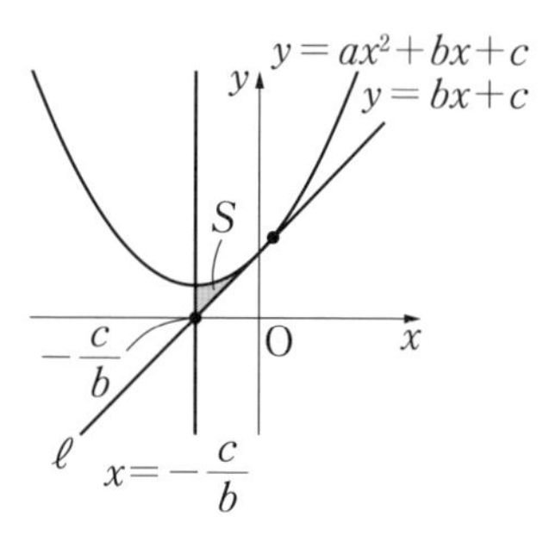

③において，$a=1$　とすると　$S=\dfrac{c^3}{3b^3}$

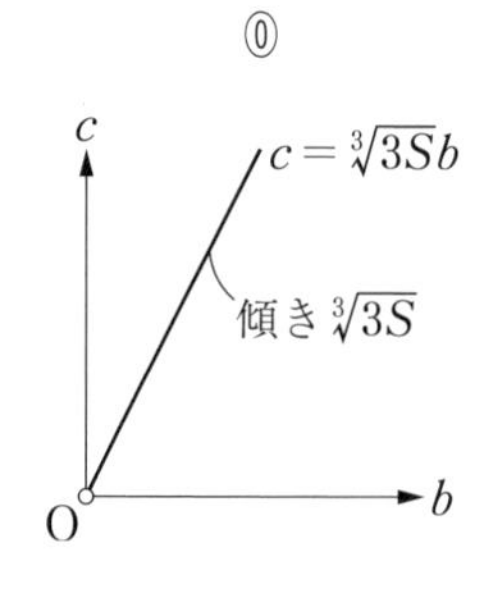

Sの値が一定となるように正の実数b，cの値を変化させると，

$$c^3=3Sb^3 \quad \text{すなわち} \quad c=\sqrt[3]{3S}b$$

$\sqrt[3]{3S}>0$　で，cはbの１次関数より，グラフは原点を通る傾きが正の直線。

よって，グラフの概形は　⓪セ

(2) 標準

$y=4x^3+2x^2+3x+5$ ……④

$y=-2x^3+7x^2+3x+5$ ……⑤

$y=5x^3-x^2+3x+5$ ……⑥

④，⑤，⑥で　$x=0$　として，いずれも　$y=5$

y 軸との交点の y 座標は $\boxed{5}_{ツ}$

つまり，④，⑤，⑥は y 軸上の点 $(0,\ 5)$ を通る。

④，⑤，⑥をそれぞれ x で微分して，

$y'=12x^2+4x+3$

$y'=-6x^2+14x+3$

$y'=15x^2-2x+3$

$x=0$　としていずれも　$y'=3$

y 軸との交点 $(0,\ 5)$ における接線の方程式は　$y=\boxed{3}_{タ}x+\boxed{5}_{チ}$

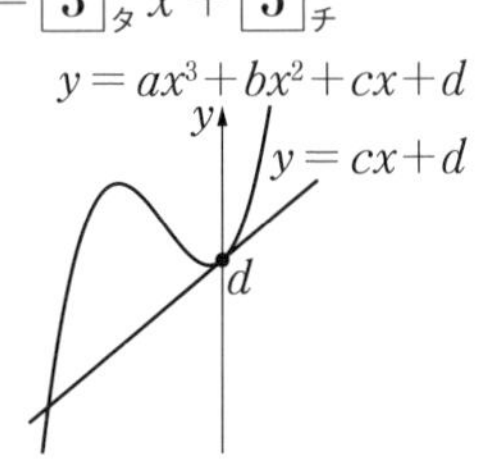

$y=ax^3+bx^2+cx+d$　において　$x=0$　とすると　$y=\boxed{d}_{ツ}$

$y'=3ax^2+2bx+c$　で　$x=0$　とすると，$y'=c$

よって，点 $(0,\ d)$ における接線の方程式は

$y=\boxed{c}_{テ}x+\boxed{d}_{ト}$

別解 $\begin{cases} y=ax^3+bx^2+cx+d \\ y=cx+d \end{cases}$ を連立して y を消すと　$ax^3+bx^2=0$

すなわち　$x^2(ax+b)=0$

$a\neq 0,\ b\neq 0$　より　$x=0$　を重解にもつので，グラフは　$x=0$　において接している。

よって，$y=ax^2+bx+c$　上の点 $(0,\ \boxed{d}_{ツ})$ における接線の方程式は

$y=\boxed{c}_{テ}x+\boxed{d}_{ト}$

$f(x)=ax^3+bx^2+cx+d$，$g(x)=cx+d$　とすると，

$$f(x)-g(x)=ax^3+bx^2=ax^2\left(x+\frac{b}{a}\right)$$

$h(x)=f(x)-g(x)$　とおくと　$h(x)=ax^2\left(x+\dfrac{b}{a}\right)$

$h(x)=0$　とすると　$x=-\dfrac{b}{a},\ 0$

$a>0,\ b>0$　であるから，$-\dfrac{b}{a}<0$

$h'(x)=3ax^2+2bx=x(3ax+2b)$

$h'(x)=0$　とすると　$x=-\dfrac{2b}{3a},\ 0$

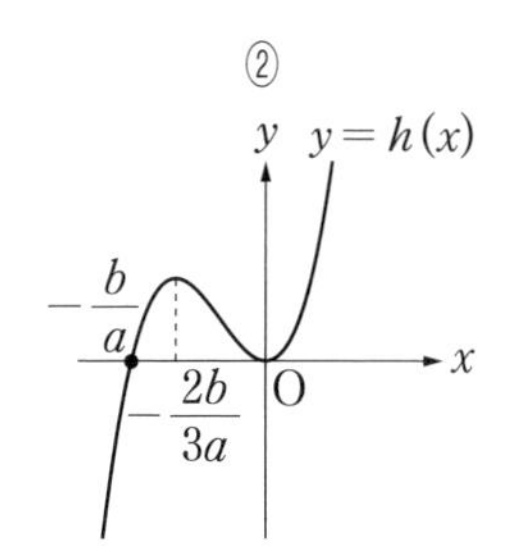

x	$\cdots$	$-\dfrac{2b}{3a}$	$\cdots$	0	$\cdots$
$h'(x)$	$+$	0	$-$	0	$+$
$h(x)$	↗	極大	↘	0	↗

よって，$y=h(x)$　のグラフの概形は ②ナ

$y=f(x)$　のグラフと　$y=g(x)$　のグラフの共有点の x 座標は，$f(x)=g(x)$　すなわち　$h(x)=0$　であることから　$\dfrac{\boxed{-b}_{ニヌ}}{\boxed{a}_{ネ}}$ と $\boxed{0}_{ノ}$ である。

x が，$-\dfrac{b}{a}$ と 0 の間を動くとき，$-\dfrac{b}{a}<x<0$　であるから，

$f(x)-g(x)>0$

$|f(x)-g(x)|=f(x)-g(x)=h(x)$ の値が最大になるのはグラフ②を考えて

$x=\dfrac{\boxed{-2b}_{ハヒフ}}{\boxed{3a}_{ヘホ}}$　のときである。

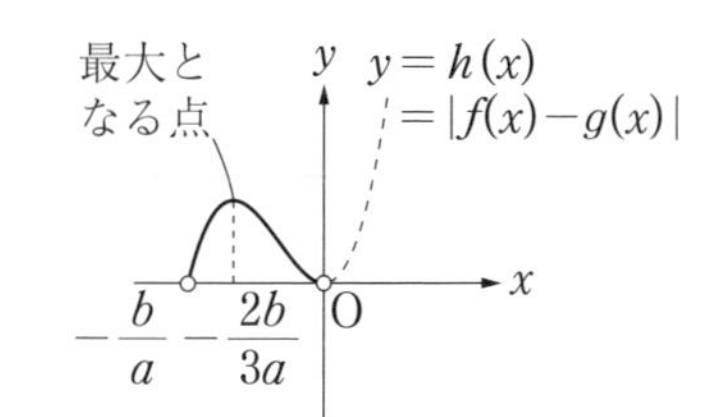

研　究

微分法・積分法

2 次，3 次の多項式の表す曲線と接線の問題。接点が y 軸上にある場合を考える。

多項式で表される曲線の接線の問題ではおもに解法が 2 つある。

> [1] 微分法を利用する。
> [2] 連立して重解をもつ条件を考える。

[1] については，微分係数が接線の傾きを表すことを利用する。

一般に，曲線　$y=f(x)$　上の点 $(\alpha,\ f(\alpha))$ における接線の方程式は

$$y=f'(\alpha)(x-\alpha)+f(\alpha)$$

[2] については，多項式が表す曲線と直線の式を連立して方程式をつくり，重解をもつ条件を考える。

$f(x)$ を 2 次以上の多項式として $\begin{cases} y=f(x) \\ y=mx+n \end{cases}$ を連立して y を消すと，x の方程式になり，その解は共有点の x 座標になる。その方程式が重解　$x=\alpha$　をもつならば，x 座標が α となる点で曲線　$y=f(x)$　と直線　$y=mx+n$　は接している。

本問では[1]，[2]のどちらでもできるが，**設問解説** では[1]の解法で求め，[2]の解法は **別解** にしている。**別解** の考え方は難しいかもしれないから，(2)で [補題] を入れておく。

(1)　$y=ax^2+bx+c$　上の x 座標が 0 となる点（y 軸上の点）における接線の方程式は　$y=bx+c$　である。

後半は面積の問題であったが，定積分の計算をする。次のような公式を知っている人はそれで求めてもよい。

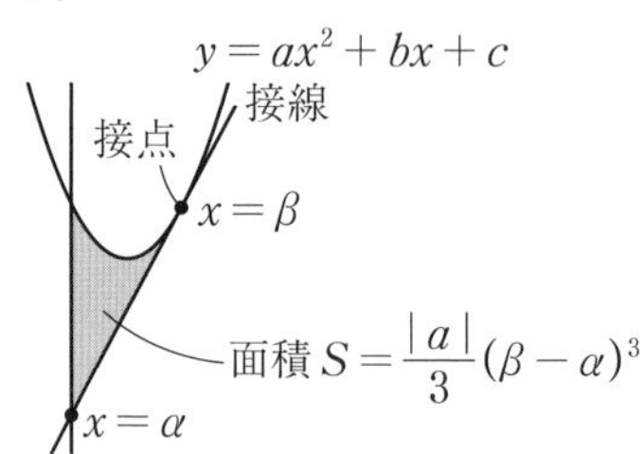

最後のグラフは c が b の 1 次関数になるので直線である。

(2)　$y=ax^3+bx^2+cx+d$　上の x 座標が 0 となる点（y 軸上の点）における接線の方程式は　$y=cx+d$　である。

一般に，$y=$ 2次以上の項 $+mx+n$　上の x 座標が 0 となる点（y 軸上の点）における接線の方程式は　$y=mx+n$　である。

これは連立して，x の方程式をつくると重解　$x=0$　をもつことからわかる。

このように，重解をもつことを考えると，接線の方程式が求まる。

ピンとこない人は，次の問題を考えてみると理解できるだろう。

> **補題**　放物線　$y=(x-1)^2+2x+3$　上の x 座標が 1 となる点における接線の方程式は　$y=\square x+\square$　である。

$$\begin{cases} y=(x-1)^2+2x+3 \\ y=2x+3 \end{cases}$$

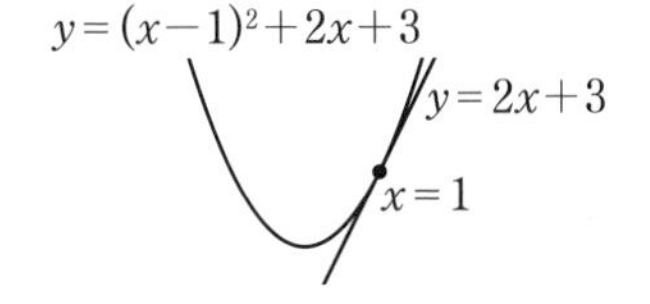

を連立して，y を消すと　$(x-1)^2=0$

$x=1$　を重解にもつので，求める接線の方程式は

$y=\boxed{2}x+\boxed{3}$

このように，連立して重解をもつような直線がみつかれば，それを接線としてよい。

補足　放物線　$y=(x-1)^2+2x+3$　は放物線　$y=x^2+4$　のことである。

補題 では放物線　$y=x^2+4$　上の点 $(1,\ 5)$ における接線の方程式を求めている。

$y=h(x)=ax^2\left(x+\dfrac{b}{a}\right)$　のグラフは増減表を書かなくても概形がわかる。下図のように，3 次関数のグラフ　$y=a(x-\alpha)(x-\beta)(x-\gamma)$　は x 軸との交点の x 座標が α，β，γ となるが，β と γ が同じ（重解）だと　$\beta=\gamma$　で x 軸と接する点になる。

このようなイメージで　$y=a(x-\alpha)(x-\beta)^2$　のグラフは x 軸と α で交わり，β の点で接することがわかる。

$y=a(x-\alpha)(x-\beta)(x-\gamma)$
のグラフ
$(a>0,\ \alpha<\beta<\gamma)$

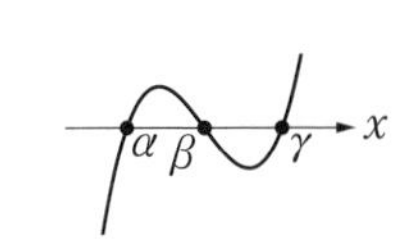

$\beta=\gamma$ とする
$\Longrightarrow$

$y=a(x-\alpha)(x-\beta)(x-\beta)$
$=a(x-\alpha)(x-\beta)^2$ のグラフ
$(a>0,\ \alpha<\beta)$

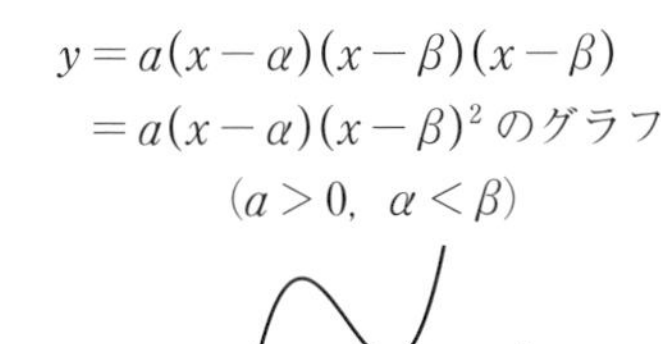

第3問　数学B

標準

着眼点

(1)　二項分布の平均と標準偏差を求める。
(2)　二項分布を正規分布で考える。
(3)　母平均 m に対する信頼度 95 %の信頼区間を考える。
(4)　2つの調査結果がどうなるかを考える。
(5)　2つの調査結果による母平均 m に対する信頼度 95 %の信頼区間について考察する。

設問解説

(1)　やや易

母比率 0.5，100 人の無作為標本のうちで全く読書をしなかった生徒の数を表す確率変数を X とすると，$X=k$ となる確率が
${}_{100}\mathrm{C}_k(0.5)^k(1-0.5)^{100-k}\ (k=0,\ 1,\ 2,\ \cdots,\ 100)$ と表されるので，X は二項分布 $B(100,\ 0.5)$ に従う。 $\boxed{③}_{ア}$

X の平均（期待値）は　$100\cdot 0.5=\boxed{\mathbf{50}}_{イウ}$

X の標準偏差は　$\sqrt{100\cdot 0.5\cdot 0.5}=\sqrt{25}=\boxed{5}_{エ}$

(2)　標準

標本の大きさ 100 は十分に大きいので，X は近似的に正規分布 $N(50,\ 25)$ に従う。

$Z=\dfrac{X-50}{5}$　とおくと，Z は標準正規分布 $N(0,\ 1)$ に従う。

全く読書をしなかった生徒の母比率を 0.5 とするとき，全く読書をしなかった生徒が 36 人以下となる確率を p_5 とおくと，

$$p_5=P(X\leqq 36)=P\left(Z\leqq -\frac{14}{5}\right)=P\left(\frac{14}{5}\leqq Z\right)=P(2.8\leqq Z)$$
$$=0.5-P(0\leqq Z\leqq 2.8)$$
$$=0.5-0.4974\quad(\because 正規分布表)$$
$$=0.0026$$
$$\fallingdotseq \mathbf{0.003}\quad \boxed{①}_{オ}$$

$P(0\leqq Z\leqq 2.8)$
$P(2.8\leqq Z)$
O　2.8　z

全く読書をしなかった生徒の母比率を 0.4 とするとき，全く読書をしなかった生徒が 36 人以下となる確率を p_4 とおくと
二項分布 $B(100,\ 0.4)$ に従うことから，

X の平均（期待値）は　$100\cdot 0.4=40$

X の標準偏差は　$\sqrt{100\cdot 0.4\cdot 0.6}=\sqrt{24}$

近似的に正規分布 $N(40,\ 24)$ に従う。

$Z=\dfrac{X-40}{\sqrt{24}}$　とおくと，Z は標準正規分布 $N(0,\ 1)$ に従う。

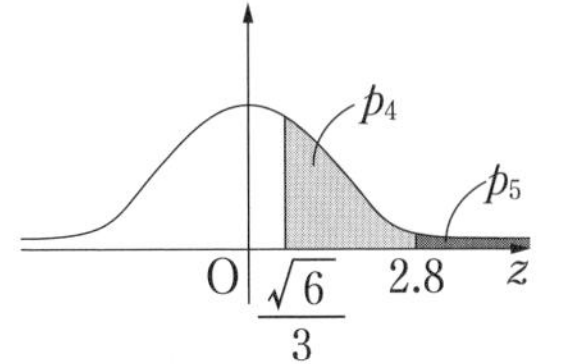

$$p_4=P(X\leqq 36)=P\left(Z\leqq -\frac{\sqrt{6}}{3}\right)$$

$$=P\left(\frac{\sqrt{6}}{3}\leqq Z\right)$$

ここで，p_5 と p_4 を比べると　$\dfrac{\sqrt{6}}{3}<2.8$　であるから，

$$P\left(\frac{\sqrt{6}}{3}\leqq Z\right)>P(2.8\leqq Z)$$

よって　$\boldsymbol{p_4>p_5}$　[②]カ

別解　$B(100,\ 0.5)$ を近似して従う正規分布は $N(50,\ 25)$ で，$P(X\leqq 36)=p_5$
$B(100,\ 0.4)$ を近似して従う正規分布は $N(40,\ 24)$ で，$P(X\leqq 36)=p_4$
分散は 24 と 25 でほぼ同じで平均が 50 と 40 で大きくちがうが，平均に近い値のほうが確率は大きい。

よって　$\boldsymbol{p_4>p_5}$　[②]カ

(3)　標準

母平均 m に対する信頼度 95 %の信頼区間を　$C_1\leqq m\leqq C_2$　とすると，その信頼区間は標本平均が 204，母標準偏差が 150 なので，

$$204-1.96\cdot\frac{150}{\sqrt{100}}\leqq m\leqq 204+1.96\cdot\frac{150}{\sqrt{100}}$$

すなわち　$204-1.96\cdot 15\leqq m\leqq 204+1.96\cdot 15$

これより　$C_1=204-1.96\cdot 15,\ C_2=204+1.96\cdot 15$

よって　$C_1+C_2=2\cdot 204=$ [408]キクケ

$C_2-C_1=2\cdot 1.96\cdot 15=$ [58.8]コサシ

この調査を 100 回行なって 95 回くらいで　$C_1\leqq m\leqq C_2$　が成り立つということなので，$\boldsymbol{C_1\leqq m}$　**も**　$\boldsymbol{m\leqq C_2}$　**も成り立つとは限らない。**

[③]ス

(4) 易

校長先生の調査結果によると全く読書をしなかった生徒は36人であるが，無作為に抽出する100人の生徒によって結果は変わるので，図書委員長の調査結果における全く読書をしなかった生徒の数 n と36との**大小はわからない。** ③ セ

(5) やや難

母集団は同一であり，1週間の読書時間の母標準偏差は150として，(4)の図書委員が行なった調査結果による母平均 m に対する信頼度95％の信頼区間を $D_1 \leqq m \leqq D_2$ とすると，その信頼区間は標本平均を $\overline{X}$ として，

$$\overline{X} - 1.96 \cdot \frac{150}{\sqrt{100}} \leqq m \leqq \overline{X} + 1.96 \cdot \frac{150}{\sqrt{100}}$$

すなわち　$\overline{X} - 1.96 \cdot 15 \leqq m \leqq \overline{X} + 1.96 \cdot 15$

これより　$D_1 = \overline{X} - 1.96 \cdot 15$，$D_2 = \overline{X} + 1.96 \cdot 15$

(3)の校長先生が行なった調査結果による母平均 m に対する信頼度95％の信頼区間は $C_1 \leqq m \leqq C_2$ より $D_2 - D_1 = C_2 - C_1 = 2 \cdot 1.96 \cdot 15$

すなわち，④は正しく，③，⑤は正しくない。

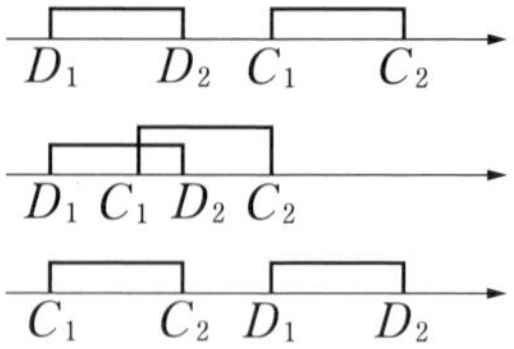

信頼区間の幅は等しいが，右図のように D_1，D_2 は標本平均によって変わるので　$D_2 < C_1$ または　$C_2 < D_1$　となる場合もある。

すなわち，②は正しく，⓪，①は正しくない。

よって，正しいものは　②，④ ソ，タ

研　究

確率分布と統計的推測

Q 高校の生徒を対象にした，1 週間の読書についての統計的推測の問題。

(1)　100 人のうちで X 人が読書をしたかしないかを考える分布なので，二項分布になる。二項分布の定義を確認しよう。

二項分布

ある試行で事象 A が起こる確率を p，起こらない確率を　$q\ (=1-p)$ とおく。

この試行を n 回繰り返す反復試行において，事象 A が起こる回数を X とすると X は**確率変数**であり　$X=0,\ 1,\ 2,\ \cdots,\ n$ の値をとる。

$X=k$　となる**確率**は　$P(X=k)={}_n\mathrm{C}_k p^k q^{n-k}$

つまり，**確率変数** X の**確率分布**は次のとおりである。

X	0	1	$\cdots$	k	$\cdots$	n	計
P	${}_n\mathrm{C}_0 q^n$	${}_n\mathrm{C}_1 pq^{n-1}$	$\cdots$	${}_n\mathrm{C}_k p^k q^{n-k}$	$\cdots$	${}_n\mathrm{C}_n p^n$	1

この分布を**確率 p に対する次数 n の二項分布**といい $B(n,\ p)$ で表す。

本問では，$n=100$，$p=0.5$　となっている。
二項分布では平均（期待値）と分散は次の公式で求めることができる。

二項分布の平均と分散

確率変数 X が二項分布 $B(n,\ p)$ に従うとき，

1　**X の平均（期待値）は　$E(X)=np$**

2　**X の分散は　$V(X)=np(1-p)$**

標準偏差は分散の正の平方根 $\sqrt{V(X)}$ になる。

(2) 二項分布は近似的に次のように正規分布に近似できる。

二項分布の正規分布による近似

二項分布 $B(n,\ p)$ に従う確率変数 X は n が十分大きいとき，
近似的に**正規分布 $N(np,\ np(1-p))$** に従う。

注意として，正規分布は N(平均，分散) と表す。

正規分布の標準化

確率変数 X が正規分布 $N(m,\ \sigma^2)$ に従うとき，

$$Z=\frac{X-m}{\sigma} \quad \text{すなわち} \quad Z=\frac{X-(X\text{の平均})}{(X\text{の標準偏差})}$$

とおくと**確率変数 Z** は**標準正規分布 $N(0,\ 1)$** に従う。
この Z を**標準化した確率変数**という。

このことから，二項分布 $B(n,\ p)$ は十分に n が大きいとき，

$$Z=\frac{X-np}{\sqrt{np(1-p)}}$$

とおくと，確率 Z は標準正規分布 $N(0,\ 1)$ に従う。

標準正規分布 $N(0,\ 1)$ に従うならば，正規分布表を利用して確率を近似値で考えることができる。

設問解説 では対称性を考えて　$P(Z \leqq -a)=P(a \leqq Z)\ (a>0)$　となることを用いている。

p_5 と p_4 の大小関係について，設問解説 ではそれぞれ標準化して p_5 と p_4 の大小を調べた。別解 のように分散は 25 と 24 でほぼ同じなので，平均が 50 と 40 と大きくちがうことに着目するとよい。

単純に平均に近い値のほうが起こりやすいので，36 以下となる確率は平均 40 のほうが平均 50 よりも起こりやすいので，$p_4>p_5$　とできる。

(3) 母平均 m に対する信頼度 95 %の信頼区間 $C_1 \leqq m \leqq C_2$ の求め方は次のとおりである。

母平均に対する信頼度 95 %の信頼区間

母平均 m，母標準偏差 σ の母集団から，抽出された大きさ n の無作為標本の標本平均 $\overline{X}$ を考える。

n が十分に大きいとき，母平均 m に対する信頼度 95 %の信頼区間は

$$\overline{X} - 1.96 \cdot \frac{\sigma}{\sqrt{n}} \leqq m \leqq \overline{X} + 1.96 \cdot \frac{\sigma}{\sqrt{n}}$$

$$C_1 = \overline{X} - 1.96 \cdot \frac{\sigma}{\sqrt{n}},\quad C_2 = \overline{X} + 1.96 \cdot \frac{\sigma}{\sqrt{n}}$$

とおくと，

$$C_1 + C_2 = 2\overline{X}$$

$$C_2 - C_1 = 2 \cdot 1.96 \cdot \frac{\sigma}{\sqrt{n}}$$ （これを信頼区間の幅という）

信頼度 95 %の信頼区間の意味は，「この調査を無作為に繰り返し 100 回行なって m を含む区間が 95 回くらいになること」である。

(4) 調査を繰り返し行なうと，標本は無作為に抽出されるので，つねに同じ結果が起こるわけではない。統計とは何かを理解しているかが問われている。

(5) 母標準偏差と標本の大きさが同じならば，母平均の信頼区間の幅は同じになる。ただし，標本平均によって区間はかわる。

第4問 数学B

数列 標準

着眼点

与えられた**漸化式**を考察する。

(1) ①の漸化式を満たす等差数列 $\{a_n\}$ の公差 p と等比数列 $\{b_n\}$ の公比 r を求める。

(2) 等差数列 $\{a_n\}$ と等比数列 $\{b_n\}$ の初項から第 n 項までの和を求める。

(3) ⑥の漸化式を変形して数列 $\{c_n\}$ の一般項を考える。

(4) ⑦の漸化式を変形して数列 $\{d_n\}$ が，公比が0より大きく1より小さい等比数列となる必要十分条件を求める。

設問解説

$$a_n b_{n+1} - 2a_{n+1} b_n + 3b_{n+1} = 0 \quad (n = 1, 2, 3, \cdots) \quad \cdots\cdots①$$

(1) 標準

初項3，公差 p $(p \neq 0)$ の等差数列を $\{a_n\}$ とするので，

$$a_n = \boxed{3}_{ア} + (n-1)p \quad \cdots\cdots②$$

$$a_{n+1} = 3 + np \quad \cdots\cdots③$$

初項3，公比 r $(r \neq 0)$ の等比数列を $\{b_n\}$ とするので，

$$b_n = \boxed{3}_{イ}\, r^{n-1}$$

$r \neq 0$ により，すべての自然数 n について，$b_n \neq 0$ となる。

①の両辺を b_n で割ると，

$$a_n \frac{b_{n+1}}{b_n} - 2a_{n+1} + 3\frac{b_{n+1}}{b_n} = 0$$

$\dfrac{b_{n+1}}{b_n} = r$ であるから $ra_n - 2a_{n+1} + 3r = 0$

よって $\boxed{2}_{ウ}\, a_{n+1} = r(a_n + \boxed{3}_{エ})$ ……④

④に②，③を代入すると，

$$2(3 + np) = r\{3 + (n-1)p + 3\}$$

展開して $6 + 2np = 6r + npr - pr$

すなわち $(r - \boxed{2}_{オ})pn = r(p - \boxed{6}_{カ}) + \boxed{6}_{キ}$ ……⑤

⑤がすべての n で成り立つことおよび $p \neq 0$ により $r = 2$ を得る。

これより⑤は　$2(p-6)+6=0$

よって　$p=\boxed{3}_{ク}$

$p=3,\ r=2$　であるから，

$a_n=3+3(n-1)=3n$

$b_n=3\cdot 2^{n-1}$

すべての自然数 n について，$a_n>0,\ b_n>0$　もわかる。

(2) やや易

$$\sum_{k=1}^{n} a_k=\sum_{k=1}^{n} 3k$$

$$=3+6+9+\cdots+3n=\frac{n}{2}(3+3n)=\frac{\boxed{3}_{ケ}}{\boxed{2}_{コ}}n(n+\boxed{1}_{サ})$$

$$\sum_{k=1}^{n} b_k=\sum_{k=1}^{n} 3\cdot 2^{k-1}$$

$$=3+3\cdot 2+3\cdot 2^2+\cdots+3\cdot 2^{n-1}=\frac{3(2^n-1)}{2-1}$$

$$=\boxed{3}_{シ}(2^n-\boxed{1}_{ス})$$

(3) 標準

$c_1=3$

$a_n c_{n+1}-4a_{n+1}c_n+3c_{n+1}=0\quad (n=1,\ 2,\ 3,\ \cdots)$　……⑥

⑥は，$(a_n+3)c_{n+1}=4a_{n+1}c_n$

両辺を $a_n+3\ (\neq 0)$ で割って，

$$c_{n+1}=\frac{\boxed{4}_{セ}a_{n+1}}{a_n+\boxed{3}_{ソ}}c_n$$

$a_n=3n$　であるから，

$$c_{n+1}=\frac{4\cdot 3(n+1)}{3n+3}c_n=\frac{4\cdot 3(n+1)}{3(n+1)}c_n$$

$$=4c_n$$

数列 $\{c_n\}$ は公比が 4 の等比数列である。

すなわち，数列 $\{c_n\}$ は**公比が 1 より大きい等比数列である。** ②$_{タ}$

(4) 標準

q, u は定数で, $q \neq 0$

$$d_1 = 3$$

$$d_n b_{n+1} - q d_{n+1} b_n + u b_{n+1} = 0 \quad (n = 1, 2, 3, \cdots) \quad \cdots\cdots ⑦$$

⑦の両辺を b_n で割って,

$$d_n \cdot \frac{b_{n+1}}{b_n} - q \cdot d_{n+1} + u \cdot \frac{b_{n+1}}{b_n} = 0$$

$\dfrac{b_{n+1}}{b_n} = 2$ であるから,

$$q d_{n+1} = 2d_n + 2u$$

すなわち $d_{n+1} = \dfrac{\boxed{2}_{チ}}{q}(d_n + u)$ ……⑧

数列 $\{d_n\}$ が, 公比が0より大きく1より小さい等比数列になるための必要十分条件を考える。

$d_1 = 3$ より $d_n > 0$ であることが必要である。

⑧の両辺を d_n で割ると $\dfrac{d_{n+1}}{d_n} = \dfrac{2}{q} \dfrac{d_n + u}{d_n} = \dfrac{2}{q}\left(1 + \dfrac{u}{d_n}\right)$

$u \neq 0$ とすると数列 $\{d_n\}$ が定数の数列ではないので, 公比 $\dfrac{d_{n+1}}{d_n}$ が一定値にならず, 等比数列にならない。

これより, $u = 0$ となる必要があり $\dfrac{d_{n+1}}{d_n} = \dfrac{2}{q}$

数列 $\{d_n\}$ は公比 $\dfrac{2}{q}$ の等比数列となる。

公比が0より大きく1より小さいので,

$$0 < \frac{2}{q} < 1 \quad \text{すなわち} \quad q > 2$$

逆に, $q > 2$ かつ $u = 0$ ならば, ⑧から $d_{n+1} = \dfrac{2}{q} d_n$

$(n = 1, 2, 3, \cdots)$

数列 $\{d_n\}$ は公比 $\dfrac{2}{q}$ $\left(0 < \dfrac{2}{q} < 1\right)$ の等比数列, すなわち公比が0より大きく1より小さい等比数列である。

よって, 求める必要十分条件は $q > \boxed{2}_{ツ}$ かつ $u = \boxed{0}_{テ}$ である。

研究

数列

与えられた**漸化式**を考察する問題。

(1) 数列 $\{a_n\}$ は等差数列，数列 $\{b_n\}$ は等比数列なので一般項は式にできる。
漸化式①から誘導通りに⑤の式に変形し，すべての自然数 n について成り立つことから p と r を求める。ノーヒントだと難しいが，誘導どおりに r と p を求めることができる。p と r の値を間違えるとその先の問題に影響するので，慎重に求めること。

(2) 等差数列と等比数列の初項から第 n 項までの和をそれぞれ計算する。公式を使うとよい。

等差数列の和

等差数列 $\{a_n\}$ の初項から第 n 項までの和を S_n とすると，

$$S_n = \underbrace{a_1 + a_2 + \cdots + a_n}_{n\text{個}} = \frac{n}{2}(a_1 + a_n)$$

つまり

$$(\text{等差数列の和}) = \frac{(\text{項数})}{2}\{(\text{初項}) + (\text{末項})\}$$

等比数列の和

初項 a，公比 r の等比数列 $\{a_n\}$ の初項から第 n 項までの和を S_n とすると，

$$S_n = \underbrace{a + ar + ar^2 + \cdots + ar^{n-1}}_{n\text{個}}$$

$$= \begin{cases} an & (r=1) \\ \dfrac{a(1-r^n)}{1-r} = \dfrac{a(r^n-1)}{r-1} & (r \neq 1) \end{cases}$$

つまり　(公比) $\neq 1$　ならば，

$$(\text{等比数列の和}) = \frac{(\text{初項})\{1-(\text{公比})^{(\text{項数})}\}}{1-(\text{公比})}$$

なお，$\sum_{k=1}^{n} a_k$ に関しては Σ 公式を用いて，

$$\sum_{k=1}^{n} a_k = 3\sum_{k=1}^{n} k = 3 \cdot \frac{n(n+1)}{2}$$

と求めることもできる。

(3)　⑥の漸化式から数列$\{c_n\}$がどのような数列かを調べる。
数列$\{c_n\}$の漸化式をみると，次のようなことから等比数列だとわかる。

rをnに無関係な定数とする。
$c_{n+1}=rc_n$　$(n=1,\ 2,\ 3,\ \cdots)$ならば数列$\{c_n\}$は公比rの等比数列である。

(4)　漸化式⑦を変形して数列$\{d_n\}$が，公比が0より大きく1より小さい等比数列となる必要十分条件を求める。すべての自然数nに対して　$d_{n+1}=rd_n$（rはnに無関係な定数で　$0<r<1$）の形になるから，［ツ］，［テ］の答えを求めるだけなら　$u=0$，公比$\dfrac{2}{q}$で　$0<\dfrac{2}{q}<1$　だとすればよいが，**設問解説**ではていねいに必要条件から求めてみた。すべての自然数nに対して　$\dfrac{d_{n+1}}{d_n}=r$　となる　$0<r<1$　の定数rが存在する必要がある。等比数列は漢字のとおりで「比が等しい数列」である。$u\neq 0$　とすると，そのrが存在しないので，$u=0$　となる必要があるとした。

第5問　数学B

着眼点

(1)　ベクトルを用いて1辺の長さが1の正五角形の対角線の長さ a を求める。

(2)　すべてが正五角形の面である正十二面体に関する問題を，ベクトルを用いて考察する。

設問解説

1辺の長さが1の正五角形の対角線の長さを a とする。

(1)　標準

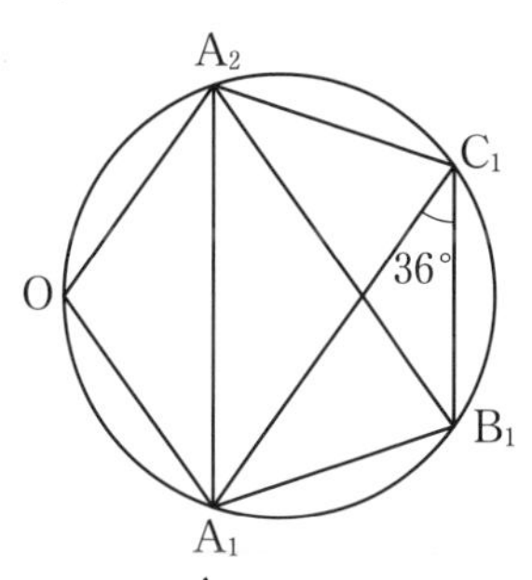

1辺の長さが1の正五角形 $\mathrm{OA_1B_1C_1A_2}$ の外接円を5等分した円周角の1つより，

$$\angle \mathrm{A_1C_1B_1} = \frac{180^\circ}{5} = \boxed{36}_{\text{アイ}}{}^\circ$$

$$\angle \mathrm{C_1A_1A_2} = 36^\circ$$

錯角が等しいので　$\overrightarrow{\mathrm{A_1A_2}} /\!/ \overrightarrow{\mathrm{B_1C_1}}$

ゆえに　$\overrightarrow{\mathrm{A_1A_2}} = \boxed{a}_{\text{ウ}}\,\overrightarrow{\mathrm{B_1C_1}}$

$$\overrightarrow{\mathrm{B_1C_1}} = \frac{1}{a}\overrightarrow{\mathrm{A_1A_2}} = \frac{1}{a}(\overrightarrow{\mathrm{OA_2}} - \overrightarrow{\mathrm{OA_1}}) \quad \cdots\cdots①$$

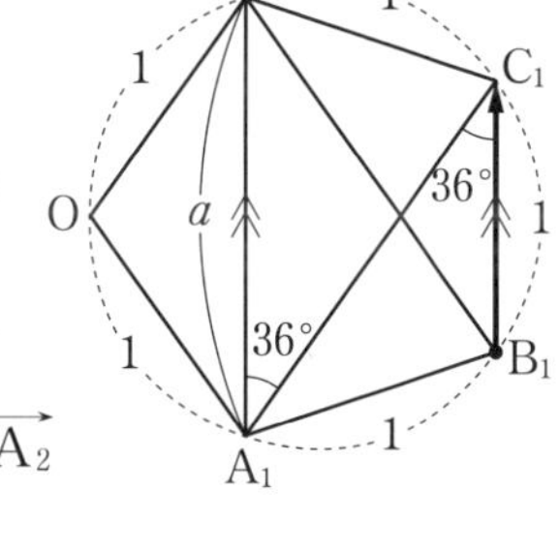

また　$\overrightarrow{\mathrm{OA_1}} /\!/ \overrightarrow{\mathrm{A_2B_1}}$，$\overrightarrow{\mathrm{OA_2}} /\!/ \overrightarrow{\mathrm{A_1C_1}}$

$$\begin{aligned}\overrightarrow{\mathrm{B_1C_1}} &= \overrightarrow{\mathrm{B_1A_2}} + \overrightarrow{\mathrm{A_2O}} + \overrightarrow{\mathrm{OA_1}} + \overrightarrow{\mathrm{A_1C_1}}\\ &= -a\overrightarrow{\mathrm{OA_1}} - \overrightarrow{\mathrm{OA_2}} + \overrightarrow{\mathrm{OA_1}} + a\overrightarrow{\mathrm{OA_2}}\\ &= (a-1)\overrightarrow{\mathrm{OA_2}} - (a-1)\overrightarrow{\mathrm{OA_1}}\\ &= (\boxed{a}_{\text{エ}} - \boxed{1}_{\text{オ}})(\overrightarrow{\mathrm{OA_2}} - \overrightarrow{\mathrm{OA_1}}) \quad \cdots\cdots②\end{aligned}$$

①＝②として　$\dfrac{1}{a} = a - 1$

すなわち　$a^2 - a - 1 = 0$　……③

$a > 0$　であるから　$a = \dfrac{1+\sqrt{5}}{2}$

(2) やや難

面 $OA_1B_1C_1A_2$ は正五角形である。

$\overrightarrow{OA_1} /\!/ \overrightarrow{A_2B_1}$ であることから,

$$\overrightarrow{OB_1}=\overrightarrow{OA_2}+\overrightarrow{A_2B_1}=\overrightarrow{OA_2}+a\overrightarrow{OA_1}$$

また, $|\overrightarrow{OA_2}-\overrightarrow{OA_1}|^2=|\overrightarrow{A_1A_2}|^2=a^2=\left(\dfrac{1+\sqrt{5}}{2}\right)^2=\dfrac{\boxed{3}_{カ}+\sqrt{\boxed{5}}_{キ}}{\boxed{2}_{ク}}$

別解 ③から $a^2=a+1=\dfrac{1+\sqrt{5}}{2}+1=\dfrac{\boxed{3}_{カ}+\sqrt{\boxed{5}}_{キ}}{\boxed{2}_{ク}}$

展開して $|\overrightarrow{OA_2}|^2-2\overrightarrow{OA_1}\cdot\overrightarrow{OA_2}+|\overrightarrow{OA_1}|^2=\dfrac{3+\sqrt{5}}{2}$

$|\overrightarrow{OA_1}|=|\overrightarrow{OA_2}|=1$ であるから,

$$1-2\overrightarrow{OA_1}\cdot\overrightarrow{OA_2}+1=\frac{3+\sqrt{5}}{2}$$

よって $\overrightarrow{OA_1}\cdot\overrightarrow{OA_2}=\dfrac{\boxed{1}_{ケ}-\sqrt{\boxed{5}}_{コ}}{\boxed{4}_{サ}}$

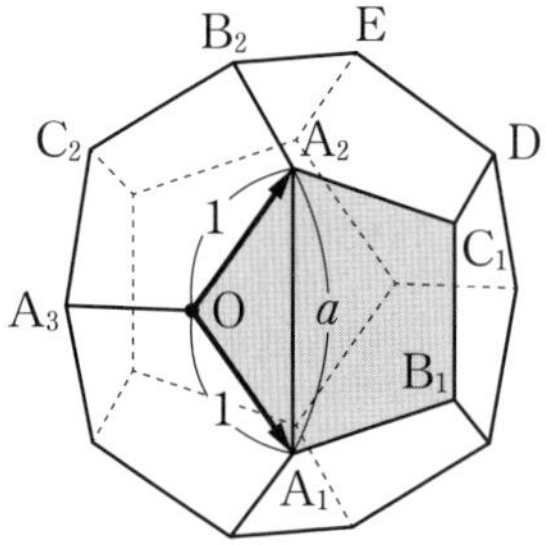

面 $OA_2B_2C_2A_3$ も正五角形であり,

$$\overrightarrow{OB_2}=\overrightarrow{OA_3}+a\overrightarrow{OA_2}$$

さらに

$$\overrightarrow{OA_1}\cdot\overrightarrow{OA_2}=\overrightarrow{OA_2}\cdot\overrightarrow{OA_3}=\overrightarrow{OA_3}\cdot\overrightarrow{OA_1}=\frac{1-\sqrt{5}}{4} \quad \cdots\cdots ④$$

これらより,

$$\begin{aligned}\overrightarrow{OA_1}\cdot\overrightarrow{OB_2}&=\overrightarrow{OA_1}\cdot(\overrightarrow{OA_3}+a\overrightarrow{OA_2})\\&=\overrightarrow{OA_1}\cdot\overrightarrow{OA_3}+a\overrightarrow{OA_1}\cdot\overrightarrow{OA_2}\\&=\frac{1-\sqrt{5}}{4}+a\cdot\frac{1-\sqrt{5}}{4}\quad(\because ④)\\&=(1+a)\cdot\frac{1-\sqrt{5}}{4}\\&=\frac{3+\sqrt{5}}{2}\cdot\frac{1-\sqrt{5}}{4}\\&=\frac{\mathbf{-1-\sqrt{5}}}{\mathbf{4}}\quad \boxed{⑨}_{シ}\end{aligned}$$

$$\overrightarrow{OB_1}\cdot\overrightarrow{OB_2}=(\overrightarrow{OA_2}+a\overrightarrow{OA_1})\cdot(\overrightarrow{OA_3}+a\overrightarrow{OA_2})$$
$$=\overrightarrow{OA_2}\cdot\overrightarrow{OA_3}+a|\overrightarrow{OA_2}|^2+a\overrightarrow{OA_1}\cdot\overrightarrow{OA_3}+a^2\overrightarrow{OA_1}\cdot\overrightarrow{OA_2}$$
$$=(1+a+a^2)\frac{1-\sqrt{5}}{4}+a\ (\because ④,\ |\overrightarrow{OA_2}|=1)$$
$$=\frac{(3+\sqrt{5})(1-\sqrt{5})}{4}+\frac{1+\sqrt{5}}{2}$$
$$(\because 1+a+a^2=3+\sqrt{5})$$
$$=-\frac{1+\sqrt{5}}{2}+\frac{1+\sqrt{5}}{2}$$
$$=\mathbf{0}$$ ⓪ス

$\overrightarrow{OB_1}\cdot\overrightarrow{OB_2}=0$ であるから $\overrightarrow{OB_1}\perp\overrightarrow{OB_2}$

正五角形の対角線の長さはすべて a なので,

$$OB_1=OB_2=B_1D=B_2D=a$$

面 $A_2C_1DEB_2$ も正五角形であり,

$$\overrightarrow{B_2D}=a\overrightarrow{A_2C_1}=\overrightarrow{OB_1}$$

であることに注意すると, 4 点 O, B_1, D, B_2 は同一平面上にあり,

$$\overrightarrow{B_2D}\parallel\overrightarrow{OB_1}$$

よって, 四角形 OB_1DB_2 は**正方形である。** ⓪セ

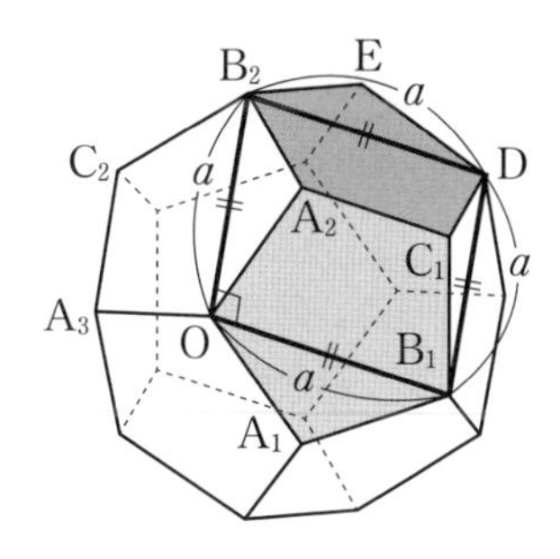

研　究

ベクトル

1つの面が1辺の長さ1の正五角形である正十二面体に関する問題。図も方針も問題文に書いてあり，流れにのって解いていくとよい。内積の計算などベクトルの基本事項を使うことになる。

(1)　1辺の長さが1の正五角形の性質を考え，対角線の長さ a を求める。問題文にほぼ解法が書いてあるが，$\overrightarrow{B_1C_1}$ を2通りで表して，a の関係式を導く。a の値は問題文に書いてあるが，$a=\dfrac{1+\sqrt{5}}{2}\ (=1.618\cdots)$ になり，黄金比といわれる数になる。

a の値はこのベクトルを用いる以外にも，図形の性質からも求められるので紹介しておく。

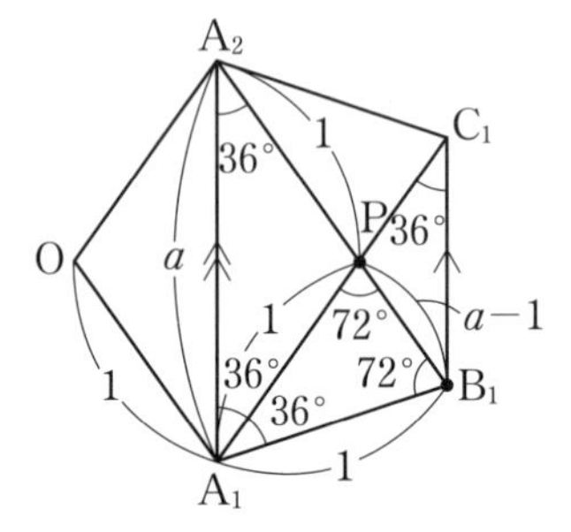

右図の1辺の長さが1の正五角形 $OA_1B_1C_1A_2$ において，2つの線分 A_1C_1 と A_2B_1 の交点をPとすると，$\triangle A_1B_1P$，$\triangle PA_1A_2$ は二等辺三角形であるから，

$$A_1B_1=A_1P=A_2P=1$$

対角線の長さより　$A_2B_1=a$

$$B_1P=A_2B_1-A_2P=a-1$$

線分 A_1P は $\angle B_1A_1A_2$ の二等分線であるから，

$$A_1B_1:A_1A_2=B_1P:A_2P$$

が成り立つので　$1:a=(a-1):1$

$a(a-1)=1$　すなわち　$a^2-a-1=0$

よって　$a>0$　であるから　$a=\dfrac{1+\sqrt{5}}{2}$

あるいは，$\triangle A_1B_1P\backsim\triangle A_2A_1B_1$　なので相似比からも a の関係式を導ける。

(2)　正十二面体はどの面もすべて合同な正五角形の正多面体であり，自分で図を描くのは大変だが，図が示してあるので解きやすくなっている。正五角形の性質は(1)にあるように対角線と平行な正五角形の辺があるので，$\overrightarrow{A_2B_1}=a\overrightarrow{OA_1}$ のように表せる。内積 $\overrightarrow{OA_1}\cdot\overrightarrow{OA_2}$ は，$\triangle OA_1A_2$ の3辺の長さがわかっていることから求めることができる。

$\overrightarrow{OA_1}$，$\overrightarrow{OA_2}$，$\overrightarrow{OA_3}$ について，大きさ　$|\overrightarrow{OA_1}|=|\overrightarrow{OA_2}|=|\overrightarrow{OA_3}|=1$

$\overrightarrow{OA_1}\cdot\overrightarrow{OA_2}=\overrightarrow{OA_1}\cdot\overrightarrow{OA_3}=\overrightarrow{OA_2}\cdot\overrightarrow{OA_3}=\dfrac{1-\sqrt{5}}{4}$　がすべてわかる。このことから，$\overrightarrow{OB_1}$ や $\overrightarrow{OB_2}$ を $\overrightarrow{OA_1}$，$\overrightarrow{OA_2}$，$\overrightarrow{OA_3}$ で表して内積を求めることができる。

a^2 は直接計算しても求められるが，③の　$a^2-a-1=0$　から　$a^2=a+1$　を利用して2次式から1次式になるように変形できる。内積 $\overrightarrow{OB_1}\cdot\overrightarrow{OB_2}$ を求めるときに出てきた式も

$$1+a+a^2=1+a+a+1=2(a+1)=2\cdot\frac{3+\sqrt{5}}{2}=3+\sqrt{5}$$

のように計算できる。

四角形 OB_1DB_2 の形状については，問題文に方針が書いてあるが，整理すると次のようになる。

$\overrightarrow{B_2D}=\overrightarrow{OB_1}$ より，点 O，B_1，D，B_2 は同一平面上にあるので，四角形 OB_1DB_2 は存在する。

その上で次の 3 つが成り立つことがわかる。

㋐ $\overrightarrow{B_2D}=\overrightarrow{OB_1}$

㋑ $OB_1=OB_2=B_1D=B_2D$

㋒ $\overrightarrow{OB_1}\perp\overrightarrow{OB_2}$

㋐だけが成り立つならば平行四辺形，㋐と㋑だけが成り立つならばひし形であるが，㋐と㋑と㋒がすべて成り立つので正方形のように形状が決まる。

じつは，正十二面体には下図のように 8 個の点を頂点とする立方体を埋めこめるという性質がある。

この立方体の対角線が正十二面体の外接球の直径にもなる。

このことを知っている人は四角形 OB_1DB_2 は正方形とすぐにわかるので，有利な問題であった。

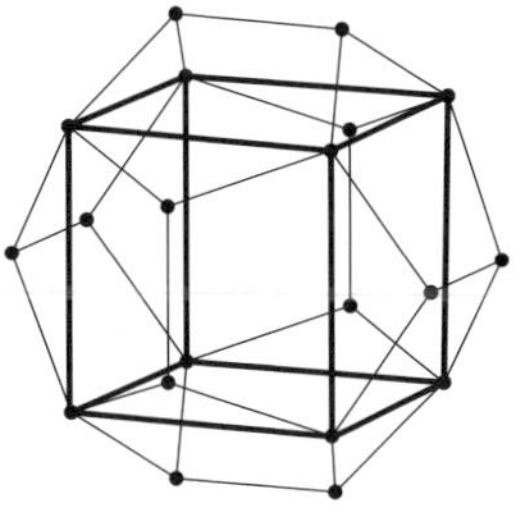

予想問題
第1回
解答・解説

100点／60分

予想問題・第1回　解　答

問題番号(配点)	解答記号	正　解	配点
第1問(30)	ア	③	2
	イ, ウ	②, ④	3
	エ	ⓑ	2
	オ	⑧	2
	カ, キ	2, ①	1
	ク, ケ	2, ③	1
	コ, サ	2, ⓪	1
	$\frac{\text{シ}}{\text{ス}}$	$\frac{1}{8}$	3
	セソ	30	2
	タチ	31	2
	ツ	⑤	2
	テ	③	3
	ト	1	1
	ナ	0	1
	ニ	①	2
	ヌ	⓪	2
第2問(30)	ア	①	2
	イ	1	2
	ウエ	−1	1
	オ, $\pm\frac{\sqrt{\text{カ}}}{\text{キ}}$	$0, \pm\frac{\sqrt{3}}{2}$	2
	ク	4	1
	ケ	0	2
	コ	⓪	3
	サ, シ	⑤, ⑧	2
	ス, セ	⑦, ⑧	2
	ソ, タ	⑨, ⓐ	3
	チ	①	1
	$\frac{\text{ツ}}{\text{テ}}\pi, \frac{\text{ト}}{\text{テ}}\pi, \frac{\text{ナ}}{\text{テ}}\pi$	$\frac{2}{9}\pi, \frac{4}{9}\pi, \frac{8}{9}\pi$	3
	ニ	4	2
	ヌネ	50	4

(注)
第1問，第2問は必答。第3問～第5問のうちから2問選択。計4問を解答。

問題番号(配点)	解答記号	正　解	配点
第3問(20)	ア	1	1
	イウ	36	2
	エ	0	1
	$\frac{\text{オ}}{\text{カ}}$	$\frac{9}{5}$	2
	キ	①	1
	ク	⓪	2
	ケ, コ	1, 9	1
	サシ	40	1
	スセ	36	2
	ソ	⓪	3
	タ, チ	②, ⑤ (解答の順序は問わない)	4 (各2)
第4問(20)	ア	2	1
	イ	3	1
	ウ	③	1
	エ, オ	①, 1	2
	カ, キ, ク	⓪, ①, 1	3
	ケコ	25	2
	サシスセ	2499	2
	ソ	④	1
	タ	③	1
	チ, ツ, テ, ト, ナ	3, ⓪, 2, ⓪, 1	3
	ニヌネノ	2500	3
第5問(20)	$\frac{\text{ア}}{\text{イ}}$	$\frac{1}{4}$	2
	ウ − エ	$4-a$	2
	オ, $\frac{\text{カ}}{\text{キ}}$	$2, \frac{1}{2}$	2
	ク	⑥	2
	$\frac{\text{ケ}}{\text{コ}}, \frac{\text{サ}}{\text{シ}}, \frac{\text{ス}}{\text{セ}}$	$\frac{4}{3}, \frac{1}{3}, \frac{1}{3}$	2
	ソ	4	2
	(タ, チ, ツテ)	(1, 1, −1)	2
	ト	⑤	2
	ナ	③	2
	ニ	③	2

第1問　数学Ⅱ

1　三角関数　標準

着眼点

(1)　2倍角の公式の確認。
(2)　**三角関数**の**とりうる値の範囲**を求める。
(3)　定義域に注意して三角関数の**最大値**，**最小値**を求める。
(4)　有名角ではない3つの三角比の積を求める。

設問解説

(1)　易

2倍角の公式より　$\sin 2x = 2\sin x\cos x$

よって　$\sin x\cos x = \boldsymbol{\frac{1}{2}\sin 2x}$　③ア　……①

(2)　やや易

任意の実数 x に対して　$-1 \leqq \sin 2x \leqq 1$

各辺に $\frac{1}{2}$ をかけて　$-\frac{1}{2} \leqq \frac{1}{2}\sin 2x \leqq \frac{1}{2}$

よって，①から　$\boldsymbol{-\frac{1}{2}} \leqq \sin x\cos x \leqq \boldsymbol{\frac{1}{2}}$　②イ，④ウ

(3)　標準

$$y = \tan x + \frac{1}{\tan x} = \frac{\sin x}{\cos x} + \frac{\cos x}{\sin x} = \frac{\sin^2 x + \cos^2 x}{\sin x\cos x} = \frac{1}{\sin x\cos x}$$

$$= \frac{2}{\sin 2x} \quad (\because ①)$$

これより，$\sin 2x$ が最小であることと y が最大であることは同値，$\sin 2x$ が最大であることと y が最小であることは同値である。

ここで，$\frac{\pi}{12} \leqq x \leqq \frac{\pi}{6}$　より　$\frac{\pi}{6} \leqq 2x \leqq \frac{\pi}{3}$

であるから，

$$\frac{1}{2} \leqq \sin 2x \leqq \frac{\sqrt{3}}{2}$$

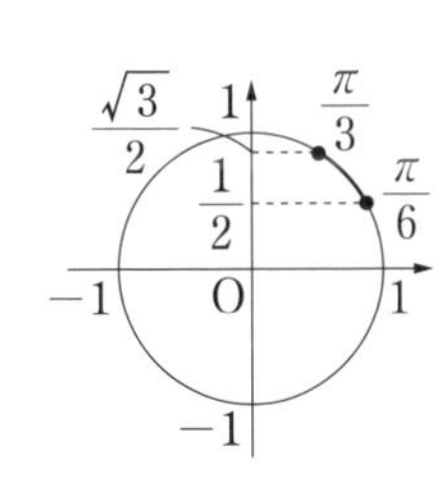

$\sin 2x$ は，$x = \frac{\pi}{12}$　で最小値 $\frac{1}{2}$ をとる。

よって，yのとりうる値の最大値は

$$\frac{2}{\frac{1}{2}}=4\left(x=\frac{\pi}{12}\right)$$ ⓑ エ

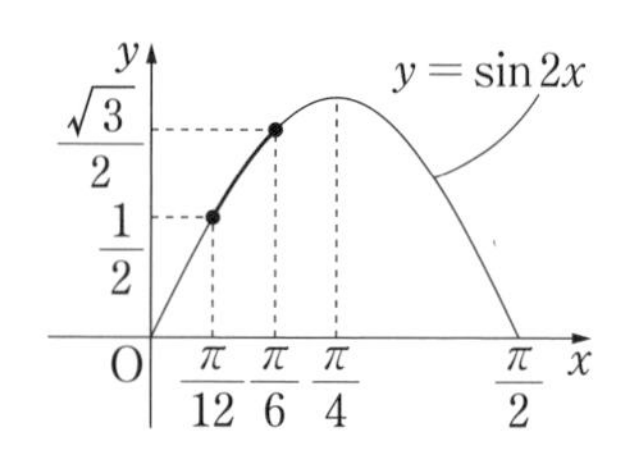

$\sin 2x$ は，$x=\frac{\pi}{6}$　で最大値 $\frac{\sqrt{3}}{2}$ をとる。

よって，yのとりうる値の最小値は

$$\frac{4}{\sqrt{3}}=\frac{4\sqrt{3}}{3}\left(x=\frac{\pi}{6}\right)$$ ⑧ オ

(4) やや難

①で，$x=\frac{\pi}{9}$，$x=\frac{2\pi}{9}$，$x=\frac{4\pi}{9}$　とすると，

$$\sin\frac{\pi}{9}\cos\frac{\pi}{9}=\frac{1}{\boxed{2}_{カ}}\sin\frac{2}{9}\pi \quad \boxed{①}_{キ} \quad \cdots\cdots②$$

$$\sin\frac{2}{9}\pi\cos\frac{2}{9}\pi=\frac{1}{\boxed{2}_{ク}}\sin\frac{4}{9}\pi \quad \boxed{③}_{ケ} \quad \cdots\cdots③$$

$$\sin\frac{4}{9}\pi\cos\frac{4}{9}\pi=\frac{1}{2}\sin\frac{8}{9}\pi=\frac{1}{\boxed{2}_{コ}}\sin\frac{\pi}{9} \quad \boxed{⓪}_{サ} \quad \cdots\cdots④$$

②×③×④とすると，

$$\sin\frac{\pi}{9}\sin\frac{2}{9}\pi\sin\frac{4}{9}\pi\cdot\cos\frac{\pi}{9}\cos\frac{2}{9}\pi\cos\frac{4}{9}\pi=\frac{1}{8}\sin\frac{\pi}{9}\sin\frac{2}{9}\pi\sin\frac{4}{9}\pi$$

$\sin\frac{\pi}{9}\sin\frac{2}{9}\pi\sin\frac{4}{9}\pi \neq 0$　であるから，

この式の両辺を $\sin\frac{\pi}{9}\sin\frac{2}{9}\pi\sin\frac{4}{9}\pi$ で割ると，

$$\cos\frac{\pi}{9}\cos\frac{2}{9}\pi\cos\frac{4}{9}\pi=\frac{\boxed{1}_{シ}}{\boxed{8}_{ス}}$$

研　究

三角関数の2倍角の公式の活用

2倍角の公式　$\sin 2x = 2\sin x\cos x$ を活用する問題。

(1)　2倍角の公式から　$\sin x\cos x = \frac{1}{2}\sin 2x$　がすべての実数 x に対して成り立つ。

この①が(2)，(3)，(4)のヒントになっている。

(2)　①をヒントに $\sin 2x$ の範囲を求めるとよい。典型的な誤答例は，

$$\begin{cases} -1 \leqq \sin x \leqq 1 \\ -1 \leqq \cos x \leqq 1 \end{cases}\quad \text{であるから}\quad -1 \leqq \sin x\cos x \leqq 1$$

とするようなものである。

これは等号が成り立つような x がないのでおかしい。つまり，$\sin x = 1$　かつ $\cos x = 1$　となるような x はない。

$\sin x\cos x$ がとりうることができない値が入っているので間違いである。

(3)　よく間違える解法が，$\tan x > 0$，$\frac{1}{\tan x} > 0$　であるから相加平均と相乗平均の関係を用いて，

$$y = \tan x + \frac{1}{\tan x} \geqq 2\sqrt{\tan x \cdot \frac{1}{\tan x}} = 2$$

よって，最小値は2

とするようなものである。

これは等号が成り立つ条件が　$\tan x = \frac{1}{\tan x}$　であり，$\tan x = 1$

すなわち　$x = \frac{\pi}{4} + k\pi$（k は整数）

ところが，定義域が　$\frac{\pi}{12} \leqq x \leqq \frac{\pi}{6}$　であるからこの x は存在しない。

等号が成り立たないので　$y > 2$　であったということなので，最小値は2ではない。

会話にヒントがあり，$\tan x = \frac{\sin x}{\cos x}$　と①を考えて，$y = \frac{2}{\sin 2x}$　と変形する。

分子が2と正の定数なので，分母の $\sin 2x$ が最小ならば y は最大，$\sin 2x$ が最大ならば y は最小という関係がみえる。

(4)　これも①を活用すればよい。

①はすべての実数 x に対して成り立つので，$x = \frac{\pi}{9}$，$x = \frac{2\pi}{9}$，$x = \frac{4}{9}\pi$　としても成り立つ。

$\sin(\pi - \theta) = \sin\theta$　が成り立つので，$\sin\frac{8\pi}{9} = \sin\frac{\pi}{9}$　と変形することもできる。

あとは3つの式②，③，④をかけると求めたい値が出てくる。

2 指数関数・対数関数　やや難

着眼点

(1) 2^{100} を対数目盛りで考える。

(2) 対数目盛りの幅について考察する。

(3) **片対数グラフ**と**両対数グラフ**の概形を考える。

設問解説

(1) 標準

$\log_{10} 2^{100} = 100\log_{10} 2 = 100 \cdot 0.3010 = 30.1$

$30 < \log_{10} 2^{100} < 31$　であるから，目盛りが $\boxed{30}_{セソ}$ と31の間にある。

$\log_{10} 10^{30} < \log_{10} 2^{100} < \log_{10} 10^{31}$　であるから，$10^{30} < 2^{100} < 10^{31}$

よって，2^{100} は $\boxed{31}_{タチ}$ 桁の整数である。

(2) やや難

2つの値 2^{10}，2^{100} の「対数目盛り」の幅は，

$$\log_{10} 2^{100} - \log_{10} 2^{10} = \log_{10} \frac{2^{100}}{2^{10}} = \log_{10} 2^{100-10} = \mathbf{\log_{10} 2^{90}} \quad \boxed{⑤}_{ツ}$$

$$= 90\log_{10} 2 = 90 \cdot 0.3010 = 27.09$$

これより　$\dfrac{2^{100}}{2^{10}} = 10^{27.09}$

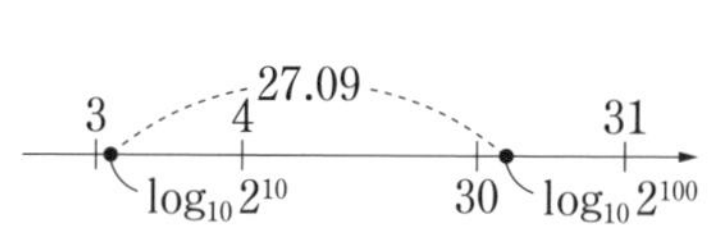

よって，2^{10} を約 $\mathbf{10^{27}}$ 倍すると 2^{100} になることもわかる。 $\boxed{③}_{テ}$

(3) やや難

$y=2^x$ について，座標平面のグラフは $x=0$ ならば $y=2^0=\boxed{1}_{ト}$ より点$(0,\ 1)$を通る。$x=10$ ならば $y=2^{10}=1024$ より，点$(10,\ 1024)$を通る。グラフは右のようになる。ただし，1024 は大きい値なので y 軸の値は縮小している。

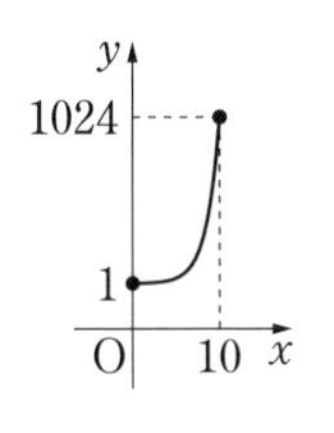

片対数グラフ上の点を$(x,\ Y)$とすると，

$x=0$ ならば $Y=\log_{10}2^0=\log_{10}1=\boxed{0}_{ナ}$ より，点$(0,\ 0)$を通る。

$x=10$ ならば $Y=\log_{10}2^{10}=10\log_{10}2$ より，点$(10,\ 10\log_{10}2)$を通る。

$y=2^x$ の片対数グラフの概形はグラフ上の点を$(x,\ Y)$とすると，

$$Y=\log_{10}y=\log_{10}2^x=x\log_{10}2$$

このグラフは，傾きが $\log_{10}2$ の直線を表す。

$\boxed{①}_{ニ}$

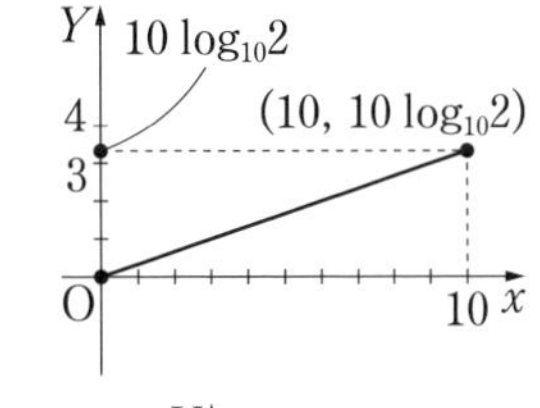

$y=2^x$ の両対数グラフの概形はグラフ上の点を$(X,\ Y)$とすると

$$\begin{cases} X=\log_{10}x & \cdots\cdots① \\ Y=\log_{10}y=\log_{10}2^x=x\log_{10}2 & \cdots\cdots② \end{cases}$$

①から $x=10^X$

②へ代入して $Y=10^X\log_{10}2$

これは単調に増加する指数関数のグラフである。$\boxed{⓪}_{ヌ}$

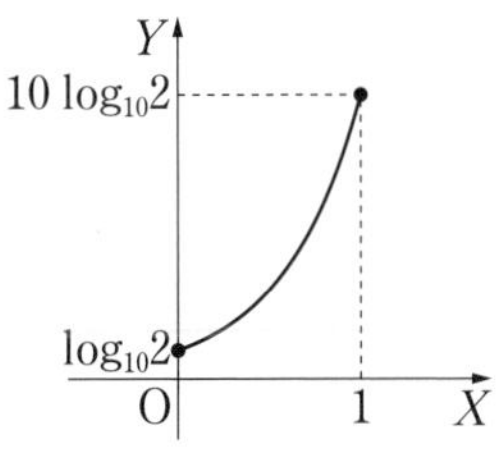

研　究

対数目盛りと片対数グラフ，両対数グラフ

対数目盛りを定義して，**片対数グラフ**，**両対数グラフ**の概形を調べる問題。対数グラフは大きな数を扱うときに有効なグラフである。本問は指数関数　$y=2^x$　を考えている。対数目盛りは底が 10 の対数の値を考えているだけである。

(1)　2^{100} を対数目盛りで表すと　$\log_{10}2^{100}=30.1$　なので，$30<\log_{10}2^{100}<31$　とわかる。

桁数の問題は公式もあるが，10^n が何桁の整数かを考えると，$10^n=1\underbrace{00\cdots0}_{n\text{個}}$　は 0 が n 個と 1 があるので $(n+1)$桁の整数になることに着目するとよい。n を 1 つずらして 10^{n-1} は n 桁の整数となる。一般に，次のように不等式で考える。

> N が n 桁の整数とすると
>
> $$\boldsymbol{10^{n-1}\leqq N<10^n \iff n-1\leqq\log_{10}N<n}$$

$N=2^{100}$，$n=31$　から 2^{100} は 31 桁の整数とわかる。2^{100} は 31 桁という大きな数だが対数目盛りだと 30 くらいの身近な数値になる。

(2)　対数目盛の幅が何を表すかを考えてほしいという問題にした。

対数法則　$\log_a M-\log_a N=\log_a\dfrac{M}{N}$　と指数法則　$\dfrac{a^m}{a^n}=a^{m-n}$　を用いて変形すればよい。

また，$\log_a Y=X \iff Y=a^X$　から対数を指数への変形を考えるとよい。

対数目盛りについて，対数目盛りの幅 1 は 10 倍を意味する。つまり，次のようになる。

対数目盛りの幅

2 つの正の数 a，b $(a<b)$ の値の対数目盛りの幅を L とすると，

$$\boldsymbol{L=\log_{10}b-\log_{10}a=\log_{10}\frac{b}{a}}$$

すなわち　$\boldsymbol{\dfrac{b}{a}=10^L}$

これは a を 10^L 倍して b になることを表す。

L　$\log_{10}a$　$\log_{10}b$

$L=1$　ならば幅が 1 であるが　$\dfrac{b}{a}=10$　で a を 10 倍して b になることがわかる。

$L=2$　ならば幅が 2 であるが　$\dfrac{b}{a}=10^2$　で a を 10^2 倍して b になることがわかる。

このように対数目盛りは，原点から幅 1 ごとに桁が増えていくイメージで，一，十，百，千，…となる。このことから(1)を考えて，$\log_{10}2^{100}=30.1$，$\log_{10}2^{10}=3.01$　と

なるので幅　$\log_{10} 2^{100} - \log_{10} 2^{10} = 30.1 - 3.01 = 27.09$　であるから，およそ 27 くらいなので，10^{27} 倍になることもわかる。

(3)　指数関数　$y = 2^x$　の片対数グラフと両対数グラフの概形を考えた。

軌跡の問題を解くような感じでグラフを考えるとよい。

$y = 2^x$　を一般化して，

指数関数　$y = c \cdot a^x$　$(c > 0,\ a > 0)$ の片対数グラフの概形について，グラフ上の点を $(x,\ Y)$ として，

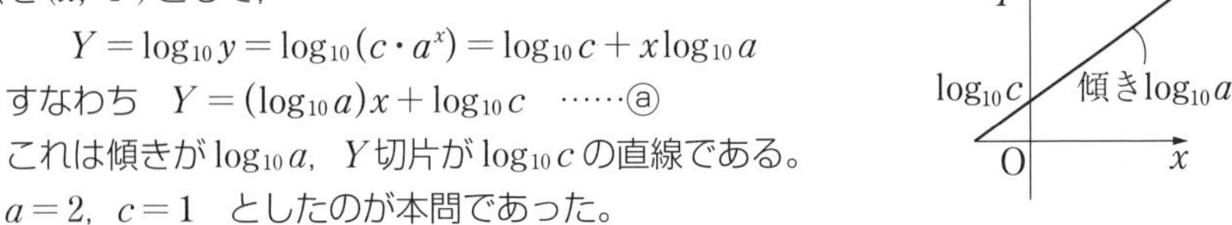

$$Y = \log_{10} y = \log_{10}(c \cdot a^x) = \log_{10} c + x \log_{10} a$$

すなわち　$Y = (\log_{10} a)x + \log_{10} c$　……ⓐ

これは傾きが $\log_{10} a$，Y 切片が $\log_{10} c$ の直線である。

$a = 2,\ c = 1$　としたのが本問であった。

(2)でみたように片対数目盛りだと Y の値が 1 増えると y の値は 10 倍なので，Y の値がゆるやかに増加していても y の値は急激に増加しているので注意する。

また，指数関数　$y = c \cdot a^n$　$(c > 0,\ a > 0)$ の両対数グラフの概形について，グラフ上の点を $(X,\ Y)$ とすると，

$$X = \log_{10} x \quad より \quad x = 10^X$$

これをⓐに代入して，$Y = (\log_{10} a)10^X + \log_{10} c$

指数関数のグラフと同じ概形になるので，指数関数では両対数グラフの概形を考える意味はない。

なお，関数によってグラフの概形は変わるが，両対数グラフが直線になる場合を紹介しておくと，$y = x^2$　がある。

両対数グラフ上の点を $(X,\ Y)$ とすると，

$$\begin{cases} X = \log_{10} x & \cdots\cdots ① \\ Y = \log_{10} y = \log_{10} x^2 = 2\log_{10} x & \cdots\cdots ② \end{cases}$$

①を②へ代入して　$Y = 2X$　となる。

一般に，$y = ax^n$　$(a > 0,\ n > 0)$ の両対数グラフは，

$Y = \log_{10} y = \log_{10} ax^n = \log_{10} a + n\log_{10} x$　に①を代入して，

直線　$Y = nX + \log_{10} a$　になる。

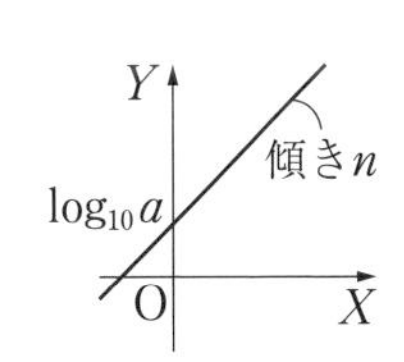

目盛りはものさしのようなものだけではない。目盛りによってグラフの見方が変わるので注意してほしい。

たとえば，本問にあった　$y = 2^x$　の座標平面のグラフと片対数グラフを見比べてみよう。$y = 2^x$　は，指数関数で　$x = 10$　で　$y = 1024$　となることからもわかるように，y の値は急激に大きくなっている。しかし片対数グラフだと，傾き $\log_{10} 2$ $(\fallingdotseq 0.3010)$ の直線であるから Y の値がそんなに大きくなっているとは思えない。

第2問 数学Ⅱ

1 微分・積分 標準

着眼点

(1) $y=f(x)$ のグラフの概形をつかむ。

(2) 3次方程式の解に関して考察する。

(3) 3次関数のグラフと正方形の位置関係と面積を考える。

設問解説

(1) やや易

$f(x)=4x^3-3x$

すべての実数 x に対して，

$$f(-x)=4(-x)^3-3(-x)=-(4x^3-3x)=\boldsymbol{-f(x)}$$

が成り立つ。 $\boxed{①}_{ア}$

これより $y=f(x)$ のグラフは原点に関して対称であることがわかる。

$f'(x)=12x^2-3=3(2x+1)(2x-1)$

$f(x)$ の増減表は次のようになる。

x	$\cdots$	$-\frac{1}{2}$	$\cdots$	$\frac{1}{2}$	$\cdots$
$f'(x)$	$+$	0	$-$	0	$+$
$f(x)$	↗	1	↘	-1	↗

よって，$f(x)$ の極大値は $\boxed{\mathbf{1}}_{イ}$，極小値は $\boxed{\mathbf{-1}}_{ウエ}$

(2) やや難

$4x^3-3x-a=0$ ……(＊)

(i) $a=0$ のとき(＊)は $4x^3-3x=0$ すなわち，

$x(2x+\sqrt{3})(2x-\sqrt{3})=0$

よって $x=\boxed{\mathbf{0}}_{オ}$，$\pm\dfrac{\sqrt{\boxed{\mathbf{3}}_{カ}}}{\boxed{\mathbf{2}}_{キ}}$

(ii) (＊)が3つの解 α, β, γ をもつとすると，(＊)の左辺は，

$$4x^3-3x-a=\boxed{4}_{ク}(x-\alpha)(x-\beta)(x-\gamma)$$
$$=4x^3-4(\alpha+\beta+\gamma)x^2+4(\alpha\beta+\beta\gamma+\gamma\alpha)x-4\alpha\beta\gamma$$

x^2 の係数より　$\alpha+\beta+\gamma=\boxed{0}_{ケ}$　……①

①は(＊)が重解をもつときも虚数解をもつときも成り立つ。 ⓪コ

(iii) (＊)を変形すると　$f(x)=a$

(＊)の実数解は $\begin{cases}y=f(x)\\y=a\end{cases}$ のグラフの共有点の x 座標に一致する。

(＊)が異なる3つの実数解 α, β, γ をもち，$\alpha<\beta\leqq0<\gamma$ となるのは異なる3つの共有点をもち，そのうち2つの点の x 座標が0以下となり，1つの点の x 座標が0より大きくなる。

$f(x)=1$ とすると　$4x^3-3x-1=0$　すなわち，

$$4\left(x+\frac{1}{2}\right)^2(x-1)=0$$

$$\therefore\quad x=-\frac{1}{2},\ 1$$

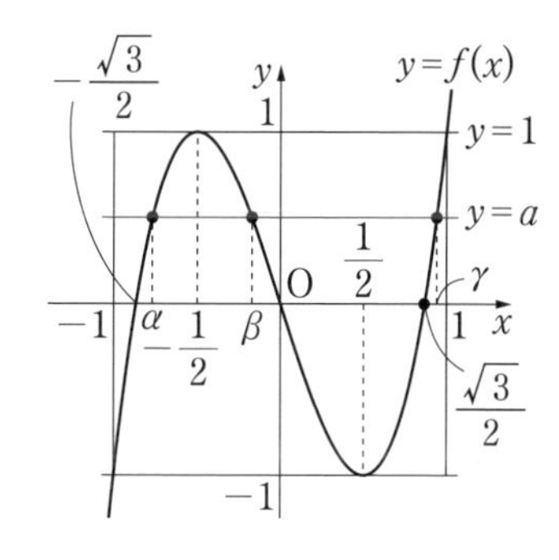

$a=1$ のとき2つのグラフは，

$x=-\dfrac{1}{2}$ で接し，$x=1$ で交わる。

このとき，

$$\alpha=\beta=-\frac{1}{2},\ \gamma=1$$

となるが，$\alpha<\beta$ であるから　$a\neq1$

$a=0$ のとき(i)より，

$$\alpha=-\frac{\sqrt{3}}{2},\ \beta=0,\ \gamma=\frac{\sqrt{3}}{2}$$

よって　$\mathbf{0\leqq a<1}$　⑤サ，⑧シ

γ のとりうる値の範囲は，グラフより，

$$\frac{\sqrt{3}}{2}\leqq\gamma<1$$　⑦ス，⑧セ

$$|\alpha|+|\beta|+|\gamma|=-\alpha-\beta+\gamma\quad(\because\ \alpha<0,\ \beta\leqq0,\ \gamma>0)$$
$$=\gamma+\gamma\quad(\because ①より\quad -\alpha-\beta=\gamma)$$
$$=2\gamma$$

$\sqrt{3}\leqq2\gamma<2$　であるから　$\sqrt{3}\leqq|\alpha|+|\beta|+|\gamma|<2$　⑨ソ，ⓐタ

補足 対称性から，$-1<a<0$ のときも同様である。

(iv) $4\cos^3\theta-3\cos\theta=\boldsymbol{\cos 3\theta}$ $\boxed{①}_{チ}$

方程式 $4x^3-3x+\dfrac{1}{2}=0$ において $x=\cos\theta$ $(0<\theta<\pi)$ とおくと，

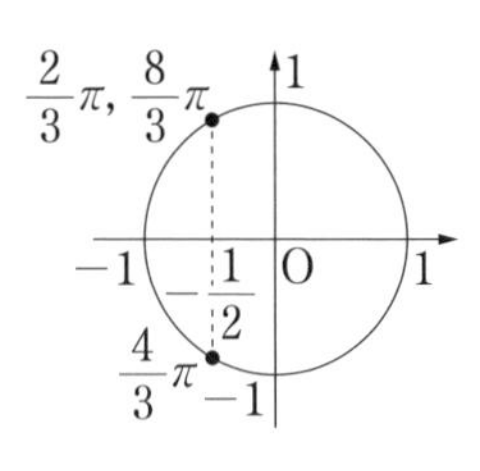

$$4\cos^3\theta-3\cos\theta+\frac{1}{2}=0$$

すなわち $\cos 3\theta=-\dfrac{1}{2}$

$0<3\theta<3\pi$ より $3\theta=\dfrac{2}{3}\pi,\ \dfrac{4}{3}\pi,\ \dfrac{8}{3}\pi$

よって $\theta=\dfrac{\boxed{2}_{ツ}}{\boxed{9}_{テ}}\pi,\ \dfrac{\boxed{4}_{ト}}{9}\pi,\ \dfrac{\boxed{8}_{ナ}}{9}\pi$

よって，解は $x=\cos\dfrac{2}{9}\pi,\ \cos\dfrac{4}{9}\pi,\ \cos\dfrac{8}{9}\pi$

(3) **標準**

四角形 ABCD の 4 つの頂点は点 A$(-1,\ -1)$，B$(1,\ -1)$，C$(1,\ 1)$，D$(-1,\ 1)$

曲線 $y=f(x)$ と四角形 ABCD の共有点は，
四角形の 2 つの頂点 A，C，辺と接する 2 つの点$\left(-\dfrac{1}{2},\ 1\right)$，$\left(\dfrac{1}{2},\ -1\right)$ の $\boxed{4}_{ニ}$ 個ある。

四角形 ABCD の面積は，1 辺の長さが 2 の正方形より $2\times2=4$

AC : $y=x$

曲線 $y=f(x)$ と線分 AC で囲まれた 2 つの部分は同じ面積であるから，K の面積を S として，

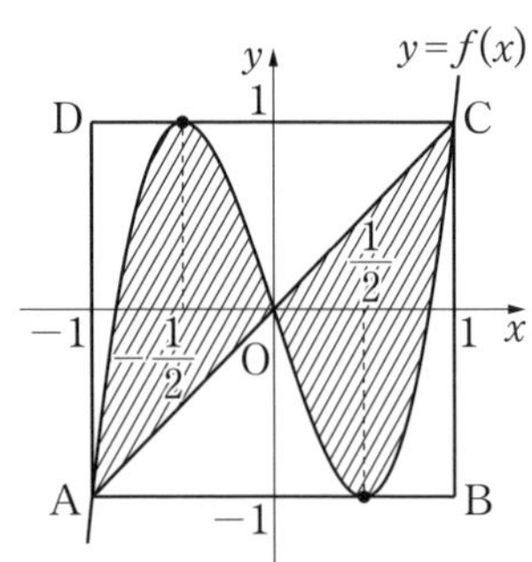

$$S=2\int_0^1\{x-(4x^3-3x)\}dx$$

$$=2\int_0^1(-4x^3+4x)dx$$

$$=2\Big[-x^4+2x^2\Big]_0^1=2$$

これは四角形 ABCD の面積の $\boxed{50}_{ヌネ}$ %

研　究

3次関数と3次方程式

3次関数と3次方程式に関する問題である。

(1)　$f(x)$ は奇関数であり，$y=f(x)$ のグラフは原点に関して対称になる。極大の点と極小の点も原点対称になるから，極大値と極小値は符号がちがうだけである。

(2)　3次方程式(＊)を考察する問題。

(i)　3次方程式の解は因数分解して求められる。

(ii)　恒等式を用いて $\alpha+\beta+\gamma$ を求めたが，解と係数の関係からも求められる。

3次方程式の解と係数の関係

a，b，c，d は実数で，$a \neq 0$　とする。

x の3次方程式　$ax^3+bx^2+cx+d=0$　の解を　$x=\alpha$，β，γ　とすると，

$$\begin{cases} \alpha+\beta+\gamma = -\dfrac{b}{a} \\ \alpha\beta+\beta\gamma+\gamma\alpha = \dfrac{c}{a} \\ \alpha\beta\gamma = -\dfrac{d}{a} \end{cases}$$

$ax^3+bx^2+cx+d=a(x-\alpha)(x-\beta)(x-\gamma)$　の恒等式を考えると示せる。これは α，β，γ が複素数（実数，虚数）でも等しい値があっても成り立つ。

(iii)　3次方程式　$f(x)=1$　の解は　$\begin{cases} y=f(x) \\ y=1 \end{cases}$　のグラフが　$x=-\dfrac{1}{2}$　で接するので，$x=-\dfrac{1}{2}$　を重解にもつことから，$\left(x+\dfrac{1}{2}\right)^2$ の因数をもつので

$$4x^3-3x-1=\left(x+\frac{1}{2}\right)^2(\quad)$$

のようになる。

(　　)は x の1次式で x^3 の係数と定数項から，

$$(\quad)=4x-4$$

とわかり，

$$4x^3-3x-1=\left(x+\frac{1}{2}\right)^2(4x-4)=4\left(x+\frac{1}{2}\right)^2(x-1)$$

のように因数分解できる。

適当に代入して　$f(1)=1$　に気づくならそれでもよい。

また，極値をもつ3次関数のグラフが次ページのように8個の合同な長方形の頂点を通るという性質があることを考えてもよい。

3次関数のグラフと8個の合同な長方形

極値をもつ3次関数　$y=ax^3+bx^2+cx+d$　$(a \neq 0)$ のグラフは下図のように8個の合同な長方形の頂点を通る。

〔$a>0$ のとき〕　　〔$a<0$ のとき〕

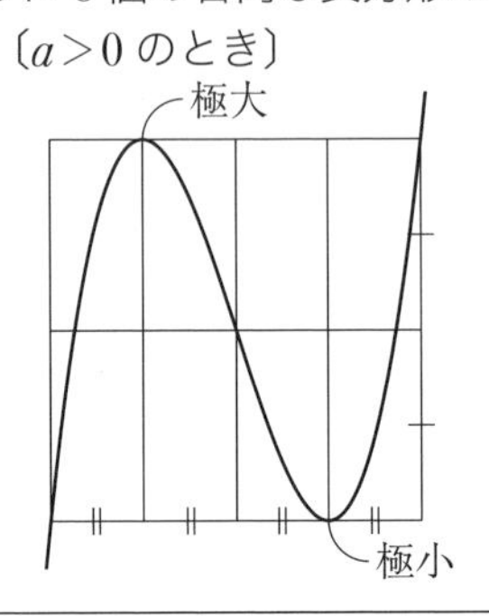

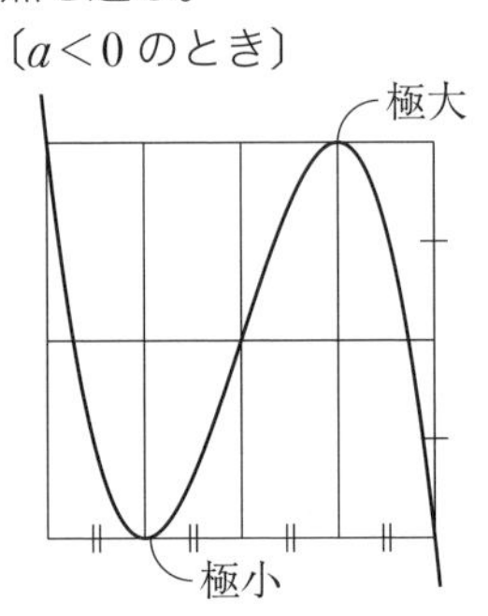

本問では，（縦 1，横 $\frac{1}{2}$ の長方形）の8個の長方形がみえる。

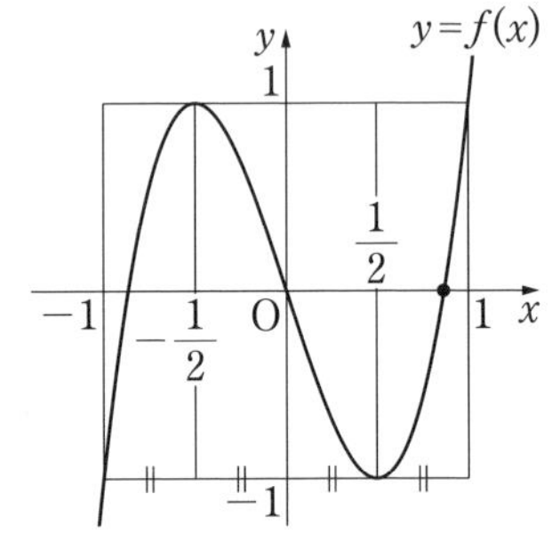

$(*)$の解は，いわゆる「定数分離」をして $y=a$　のグラフを平行移動して，共有点をみていくとよい。解の絶対値の和 $|\alpha|+|\beta|+|\gamma|$　は絶対値をはずしてから考える。

$0 \leqq a<1$　のとき　$\alpha<\beta \leqq 0<\gamma$　であるから，$|\alpha|=-\alpha$，$|\beta|=-\beta$，$|\gamma|=\gamma$　これと①の　$\alpha+\beta+\gamma=0$　より，$|\alpha|+|\beta|+|\gamma|=2\gamma$　と γ だけで表せる。

これより，γ のとりうる値の範囲がわかれば，$|\alpha|+|\beta|+|\gamma|$　のとりうる値の範囲もわかる。

γ のとりうる値の範囲はグラフから求めることができて，

$$\begin{cases} y=f(x) \\ y=a \quad (0 \leqq a<1) \end{cases}$$ のグラフ

の共有点で正の x 座標の範囲を調べる。

(iv)　ここで三角関数が登場するのが意外だったかもしれないが，$(*)$で $x=\cos\theta$ $(0<\theta<\pi)$　とおくと，$4\cos^3\theta-3\cos\theta-a=0$　であり，$4\cos^3\theta-3\cos\theta=\cos 3\theta$　より，$\cos 3\theta=a$　……$(*)'$　となる。

本問では，$(*)'$ で $a=-\frac{1}{2}$ として θ を求めることができる。

設問解説 のように θ を求めると，$a=-\frac{1}{2}$　のときの$(*)$の解も求められるが，その解が定まることを説明しておく。

$0<\frac{2}{9}\pi<\frac{4}{9}\pi<\frac{8}{9}\pi<\pi$　であるから　$\cos\frac{2}{9}\pi<\cos\frac{4}{9}\pi<\cos\frac{8}{9}\pi$

$\cos\frac{2}{9}\pi$，$\cos\frac{4}{9}\pi$，$\cos\frac{8}{9}\pi$ の3つの値はすべて異なり，(＊)は3次方程式より，解は3個であるから(＊)の解は $x=\cos\frac{2}{9}\pi$，$\cos\frac{4}{9}\pi$，$\cos\frac{8}{9}\pi$ と定まる。

$4x^3-3x+\frac{1}{2}=0$　の解が　$x=\cos\frac{2}{9}\pi$，$\cos\frac{4}{9}\pi$，$\cos\frac{8}{9}\pi$　とわかったのだが，解と係数の関係を用いると，

$$\cos\frac{2}{9}\pi\ \cos\frac{4}{9}\pi\ \cos\frac{8}{9}\pi=-\frac{1}{8}$$

$\cos\frac{8}{9}\pi=-\cos\frac{\pi}{9}$　であることから，

$$\cos\frac{2}{9}\pi\cos\frac{4}{9}\pi\left(-\cos\frac{\pi}{9}\right)=-\frac{1}{8}$$　すなわち，$\cos\frac{\pi}{9}\cos\frac{2}{9}\pi\cos\frac{4}{9}\pi=\frac{1}{8}$

となる。

これは 第1問 1 (4)の 問題B の 別解 である。

また，$a=0$　のとき(＊)′は　$\cos 3\theta=0$

$0<3\theta<3\pi$　より　$3\theta=\frac{\pi}{2}$，$\frac{3\pi}{2}$，$\frac{5\pi}{2}$

すなわち　$\theta=\frac{\pi}{6}$，$\frac{\pi}{2}$，$\frac{5}{6}\pi$　であるから　$a=0$　のときの(＊)の解は，

$$x=\cos\frac{\pi}{6}=\frac{\sqrt{3}}{2},\ \cos\frac{\pi}{2}=0,\ \cos\frac{5}{6}\pi=-\frac{\sqrt{3}}{2}$$　となる。

これは(i)の結果と一致する。

この問題の背景には「**チェビシェフの多項式**」という話がある。$\cos n\theta$ ($n=1$, 2, 3, …) は $\cos\theta$ の n 次の多項式で表せるというもので，本問では，$n=3$　の場合であったが，$n=2$, 3, 4, 5, …　とすると，

$\cos 2\theta=2\cos^2\theta-1$　($\cos\theta$ の2次式)

$\cos 3\theta=4\cos^3\theta-3\cos\theta$　($\cos\theta$ の3次式)

$\cos 4\theta=8\cos^4\theta-8\cos^2\theta+1$　($\cos\theta$ の4次式)

$\cos 5\theta=16\cos^5\theta-20\cos^3\theta+5\cos\theta$　($\cos\theta$ の5次式)

⋮

となる。

(3)　グラフをていねいに描けばよい。対称性を考えてから，面積は定積分の計算をする。K の面積が四角形ABCDの面積のちょうど半分になるのはきれいな結果であった。

第3問　数学B

確率分布・統計的推測　

着眼点

(1)　確率密度関数から平均と分散を考える。

(2)　二項分布から平均と分散を考える。

設問解説

(1)　標準

確率変数 X は　$-3 \leqq X \leqq 3$　の範囲でのみ値をとることができ，その確率密度関数は，

$$f(x)=a(x+3)(x-3)\quad (a<0)$$

と与えられているので，

$$\int_{-3}^{3} f(x)dx=\boxed{1}_{\text{ア}}$$

$$\int_{-3}^{3} f(x)dx=a\int_{-3}^{3}(x+3)(x-3)dx=-\frac{a}{6}\{3-(-3)\}^3$$

$$=-\frac{a}{6}\cdot 6^3=-36a$$

$-36a=1$　であるから，

$$a=-\frac{1}{\boxed{36}_{\text{イウ}}}$$

y　$\frac{1}{4}$　$y=f(x)$　-3　O　3　x

これより，$f(x)=-\frac{1}{36}(x+3)(x-3)=-\frac{1}{36}x^2+\frac{1}{4}$

$y=f(x)$　のグラフは直線　$x=0$　に関して対称であるから，

$E(X)=\boxed{0}_{\text{エ}}$

別解　$E(X)=\int_{-3}^{3} xf(x)dx=\int_{-3}^{3}\left(-\frac{1}{36}x^3+\frac{1}{4}x\right)dx=\boxed{0}_{\text{エ}}$

分散 $V(X)=\int_{-3}^{3}x^2f(x)dx=\int_{-3}^{3}\left(-\frac{1}{36}x^4+\frac{1}{4}x^2\right)dx$

$=2\int_{0}^{3}\left(-\frac{1}{36}x^4+\frac{1}{4}x^2\right)dx=2\left[-\frac{1}{180}x^5+\frac{1}{12}x^3\right]_0^3$

$=2\left(-\frac{27}{20}+\frac{9}{4}\right)=\frac{\boxed{9}_{\text{オ}}}{\boxed{5}_{\text{カ}}}$

また，確率変数 Y は $-2\leqq Y\leqq 2$ の範囲でのみ値をとることができ，その確率密度関数は，

$g(x)=b(x+2)(x-2)\quad(b<0)$

と与えられているが，

$y=g(x)$ のグラフは直線 $x=0$ に関して対称であるから $E(Y)=0$

よって $E(X)=E(Y)$ ①キ

$y=g(x)$ と x 軸で囲まれる面積は1で，$y=f(x)$ よりも $y=g(x)$ のほうが平均 $x=0$ に値が多く集まっているので Y のほうが分散は小さい。

よって $V(X)>V(Y)$ ⓪ク

別解 $\int_{-2}^{2}g(x)dx=b\int_{-2}^{2}(x+2)(x-2)dx=-\frac{b}{6}\{2-(-2)\}^3=-\frac{32}{3}b$

これが1になるので $-\frac{32}{3}b=1$ すなわち $b=-\frac{3}{32}$

これより $g(x)=-\frac{3}{32}(x+2)(x-2)=-\frac{3}{32}x^2+\frac{3}{8}$

$E(Y)=\int_{-2}^{2}xg(x)dx=\int_{-2}^{2}\left(-\frac{3}{32}x^3+\frac{3}{8}x\right)dx=0$

$V(Y)=\int_{-2}^{2}x^2f(x)dx=\int_{-2}^{2}x^2g(x)dx=\int_{-2}^{2}\left(-\frac{3}{32}x^4+\frac{3}{8}x^2\right)dx$

$=2\int_{0}^{2}\left(-\frac{3}{32}x^4+\frac{3}{8}x^2\right)dx=2\left[-\frac{3}{160}x^5+\frac{1}{8}x^3\right]_0^2$

$=\frac{4}{5}$

$\frac{9}{5}>\frac{4}{5}$ であるから $V(X)>V(Y)$ ⓪ク

(2) 標準

日本人のAB型の割合は10％であるから，1人を選ぶとAB型である確率は $\frac{1}{10}$，AB型ではない確率は　$1-\frac{1}{10}=\frac{9}{10}$

400人から無作為に選んでAB型である人数を X とすると，

$$P(X=k)={}_{400}C_k\left(\frac{\boxed{1}_{ケ}}{10}\right)^k\left(\frac{\boxed{9}_{コ}}{10}\right)^{400-k}\quad(k=0,\ 1,\ 2,\ \cdots,\ 400)$$

X は二項分布 $B\left(400,\ \frac{1}{10}\right)$ に従うから，

$$E(X)=400\cdot\frac{1}{10}=\boxed{\mathbf{40}}_{サシ}$$

$$V(X)=400\cdot\frac{1}{10}\cdot\frac{9}{10}=\boxed{\mathbf{36}}_{スセ}$$

400は十分に大きいことから，X は正規分布 $N(40,\ 36)$ に近似することができるので，

$$Z=\frac{X-40}{6}$$

とおくと，Z は標準正規分布 $N(0,\ 1)$ に従う。

よって　$P(X\leqq 31)=P\left(\frac{X-40}{6}\leqq\frac{31-40}{6}\right)$
$=P(Z\leqq -1.5)$
$=P(1.5\leqq Z)$
$=0.5-P(0\leqq Z\leqq 1.5)$
$=0.5-0.4332$　（∵正規分布表）
$=0.0668\fallingdotseq \mathbf{0.067}$　$\boxed{⓪}_{ソ}$

400人から無作為に選んでA型である人数を表す確率変数を Y とすると，日本人のA型の割合は40％であるから，1人を選ぶとA型である確率は　$\frac{4}{10}=\frac{2}{5}$

$$E(Y)=400\cdot\frac{2}{5}=160,\ V(Y)=400\cdot\frac{2}{5}\cdot\frac{3}{5}=96$$

タ と チ の解答群について，

$E(X)\neq E(Y)$，$V(X)\neq V(Y)$　であるから，⓪，①は誤り。

$Z_1=\frac{X-E(X)}{\sqrt{V(X)}}=\frac{X-40}{6}$，$Z_2=\frac{Y-E(Y)}{\sqrt{V(Y)}}=\frac{Y-160}{4\sqrt{6}}$　とおくと，Z_1，Z_2 は標準正規分布 $N(0,\ 1)$ に近似できる。

$$P(X \leqq E(X)) = P(Z_1 \leqq 0) = 0.5$$
$$P(Y \leqq E(Y)) = P(Z_2 \leqq 0) = 0.5$$

すなわち $P(X \leqq E(X)) = P(Y \leqq E(Y))$ であるから，②は正しい。

$$P(X \leqq V(X)) = P(X \leqq 36) = P\left(Z_1 \leqq \frac{36-40}{\sqrt{36}}\right)$$
$$= P\left(Z_1 \leqq -\frac{2}{3}\right)$$
$$P(Y \leqq V(Y)) = P(Y \leqq 96) = P\left(Z_2 \leqq \frac{96-160}{\sqrt{96}}\right)$$
$$= P\left(Z_2 \leqq -\frac{8\sqrt{6}}{3}\right)$$

すなわち $P(X \leqq V(X)) \neq P(Y \leqq V(Y))$ であるから，③は誤り。

$$P(X \leqq E(X) - V(X)) = P\left(Z_1 \leqq -\sqrt{V(X)}\right) = P(Z_1 \leqq -6)$$
$$P(Y \leqq E(Y) - V(Y)) = P\left(Z_2 \leqq -\sqrt{V(Y)}\right) = P\left(Z_2 \leqq -4\sqrt{6}\right)$$

すなわち $P(X \leqq E(X) - V(X)) \neq P(Y \leqq E(Y) - V(Y))$ であるから，④は誤り。

$$P\left(X \leqq E(X) - \sqrt{V(X)}\right) = P(Z_1 \leqq -1)$$
$$P\left(Y \leqq E(Y) - \sqrt{V(Y)}\right) = P(Z_2 \leqq -1)$$

すなわち $P\left(X \leqq E(X) - \sqrt{V(X)}\right) = P\left(Y \leqq E(Y) - \sqrt{V(Y)}\right)$ であるから，⑤は正しい。

よって，正しいものは [②，⑤]タ，チ

研　究

連続型確率変数と離散型確率変数の平均と分散

連続型確率変数（連続的に値をとる確率変数）と**離散型確率変数**（とびとびで値をとる確率変数）の**平均と分散**，**標準偏差**に関する問題。

(1) **確率密度関数**に関する問題。確率密度関数が表すグラフと x 軸で囲まれる部分の面積が確率を表す。だから面積全体は1になる。

確率密度関数から平均と分散は次のようになる。

連続型確率変数の期待値(平均)と分散，標準偏差

連続型確率変数 X のとりうる値の範囲が　$a \leqq X \leqq b$　であり，

その確率密度関数を $f(x)$ とするとき，$\displaystyle\int_a^b f(x)dx=1$　を満たし，

1　確率変数 X の期待値（平均）は　$\boldsymbol{E(X)=\displaystyle\int_a^b xf(x)dx}$

2　$E(X)=m$　とする。

確率変数 X の分散は　$\boldsymbol{V(X)=\displaystyle\int_a^b (x-m)^2 f(x)dx}$

$\boldsymbol{=\displaystyle\int_a^b x^2 f(x)dx-m^2}$

3　確率変数 X の標準偏差は　$\boldsymbol{\sigma(X)=\sqrt{V(X)}}$

これは，離散型確率変数の場合と似たような式になるので，参考に書いておく。

確率変数 X が離散型，連続型かで次のようになる。

	離散型	連続型
期待値 $E(X)$（平均）	$\displaystyle\sum_{k=1}^{n} x_k P(X=k)$	$\displaystyle\int_a^b xf(x)dx$
分散 $V(X)$	$\displaystyle\sum_{k=1}^{n}(x_k-E(X))^2 P(X=k)$	$\displaystyle\int_a^b ((x-E(X))^2 f(x)dx$
分散 $V(X)$	$\displaystyle\sum_{k=1}^{n} x_k{}^2 P(X=k)-\{E(X)\}^2$	$\displaystyle\int_a^b x^2 f(x)dx-\{E(X)\}^2$

本問では対称性から X と Y の平均が0とすぐにわかってしまうが，一般的には立式して求める。分散は散らばりの度合いを表すので，X の分布のほうより Y の分布のほうが散らばりの度合いが小さいことがグラフから判断できるので，$V(Y)$ は計算せずに　$V(X)>V(X)$　とするとよい。念のため，**別解** に計算する解法も書

いておいた。

(2)　X は二項分布に従うので，X の平均と分散は**第1日程** 第3問 の確率分布（p.38）でもあったように，「二項分布の平均と分散」から求めることができる。

まともに立式すると，

$$E(X)=\sum_{k=0}^{400}kP(X=k),\ V(X)=\sum_{k=0}^{400}(X-E(X))^2P(X=k)$$

となるが，計算は大変である。

研　究（p.38）にもあるように，二項分布は正規分布に近似できるので，標準正規分布にして考えることになる。

最後は標準正規分布で考えるとよい。設問解説 でおいた Z_1，Z_2 を用いると，一般に k を定数として，

$$P\left(X \leqq E(X)+k\sqrt{V(X)}\right)=P(Z_1 \leqq k)$$
$$P\left(Y \leqq E(Y)+k\sqrt{V(Y)}\right)=P(Z_2 \leqq k)$$

$P(Z_1 \leqq k)=P(Z_2 \leqq k)$　であるから，

$$P\left(X \leqq E(X)+k\sqrt{V(X)}\right)=P\left(Y \leqq E(Y)+k\sqrt{V(Y)}\right)$$

が成り立つ。

本問では　$k=-1,\ 0$　の場合が解答群にある。

補足 で解答群にない場合で，確率が等しくなるものを書いておくと，

$$P\left(X \geqq E(X)-k\sqrt{V(X)}\right)=P(Z_1 \geqq -k)$$
$$P\left(Y \geqq E(Y)-k\sqrt{V(X)}\right)=P(Z_2 \geqq -k)$$

であり，対称性から，

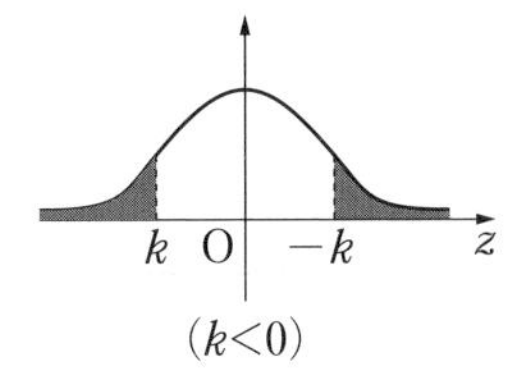

($k<0$)

$$P(Z_1 \leqq k)=P(Z_1 \geqq -k)$$
$$P(Z_2 \leqq k)=P(Z_2 \geqq -k)$$

$P(Z_1 \leqq k)=P(Z_2 \geqq -k)$　であるから，

$$P\left(X \leqq E(X)+k\sqrt{V(X)}\right)=P\left(Y \geqq E(Y)-k\sqrt{V(X)}\right)$$

も成り立つ。

たとえば，$k=-1$　として，

$$P\left(X \leqq E(X)-\sqrt{V(X)}\right)=P\left(Y \geqq E(Y)+\sqrt{V(Y)}\right)$$

が成り立つ。

第4問 数 学 B

数 列　やや難

着眼点

(1) **等差数列**の**公差**と**等比数列**の**公比**を求める。
(2) 等差数列と等比数列に関する和の計算をする。
(3) 2つの群数列の構造をつかむ。

設問解説

(1) 易

等差数列 $\{a_n\}$ の公差は　$a_2 - a_1 = 3 - 1 = \boxed{2}_{ア}$

等比数列 $\{b_n\}$ の公比は　$\dfrac{b_2}{b_1} = \dfrac{3}{1} = \boxed{3}_{イ}$

これらより　$a_n = 2n - 1,\ b_n = 3^{n-1}$

(2) 標準

$$S_n = \sum_{k=1}^{n} a_k = \frac{n}{2}(a_1 + a_n) = \frac{n}{2}\{1 + (2n-1)\} = \boldsymbol{n^2} \quad \boxed{③}_{ウ}$$

$$T_n = \sum_{k=1}^{n} b_k = 1 + 3 + 3^2 + \cdots + 3^{n-1} = \frac{3^n - 1}{3 - 1} = \frac{3^n - \boxed{1}_{オ}}{2} \quad \boxed{①}_{エ}$$

$$U_n = \sum_{k=1}^{n} a_k b_k = a_1 b_1 + a_2 b_2 + a_3 b_3 + \cdots + a_n b_n$$

とすると，

$$U_n = 1 \cdot 1 + 3 \cdot 3 + 5 \cdot 3^2 + \cdots + (2n-1) \cdot 3^{n-1} \qquad \cdots\cdots①$$

$$3U_n = \qquad 1 \cdot 3 + 3 \cdot 3^2 + \cdots + (2n-3) \cdot 3^{n-1} + (2n-1) \cdot 3^n \qquad \cdots\cdots②$$

①－②から，

$$\begin{aligned} -2U_n &= 1 + 2 \cdot 3 + 2 \cdot 3^2 + \cdots + 2 \cdot 3^{n-1} - (2n-1) \cdot 3^n \\ &= 1 + \frac{2 \cdot 3(3^{n-1} - 1)}{3 - 1} - (2n-1) \cdot 3^n \\ &= 1 + 3^n - 3 - (2n-1) \cdot 3^n \\ &= -2(n-1) \cdot 3^n - 2 \end{aligned}$$

よって　$U_n = \boldsymbol{(n-1) \cdot 3^n} + \boxed{1}_{ク} \quad \boxed{⓪}_{カ},\ \boxed{①}_{キ}$

(3) やや難

群数列Aにおいて，第n群はb_n個の項からなる。

群数列Bにおいて，第n群はa_n個の項からなる。

$$a_1 \mid a_2,\ a_3,\ a_4 \mid a_5,\ a_6,\ a_7,\ a_8,\ \cdots,\ a_{13} \mid$$

b_1個 $=1$	b_2個 $=3$	b_3個 $=3^2$
第1群	第2群	第3群

$$b_1 \mid b_2,\ b_3,\ b_4 \mid \cdots \mid \quad b_{S_{50}} \mid$$

a_1個	a_2個	$\cdots$	a_{50}個
第1群	第2群		第50群

(i) 群数列Aにおいて，第1群，第2群，第3群の項は，それぞれ$b_1=1$（個），$b_2=3$（個），$b_3=3^2$（個）あることから，第3群の最後の項L_3は，

$$b_1+b_2+b_3=T_3=\frac{3^3-1}{2}=13$$

より，第13項

よって　$L_3=a_{13}=2\cdot 13-1=\boxed{25}$ ケコ

群数列Bにおいて，第1群，第2群，…，第50群の項は，それぞれ，a_1個，a_2個，…，a_{50}個あることから，第50群の最後の項M_{50}は，

$$a_1+a_2+\cdots+a_{50}=S_{50}=50^2=2500$$

より，第2500項

よって　$M_{50}=b_{2500}=3^{2500-1}=3^{\boxed{2499}}$ サシスセ

L_nは数列$\{a_n\}$の第$\boldsymbol{T_n}$項　$\boxed{④}$ ソ

M_nは数列$\{b_n\}$の第$\boldsymbol{S_n}$項　$\boxed{③}$ タ

(ii)

$$\underset{\text{第}(n-1)\text{群}}{\overset{L_{n-1}}{a_{T_{n-1}}}} \quad \Big|\ \underbrace{a_{T_{n-1}+1}\ (=L_{n-1}+2),\ \cdots,\ a_{T_n}\ (=L_n)}_{b_n\text{個}}\ \Big| \ \text{第}n\text{群}$$

群数列Aにおいて第n群の最後の項は，

$$L_n=a_{T_n}=2T_n-1=2\cdot\frac{3^n-1}{2}-1=3^n-2$$

第n群の最初の項は，第$(n-1)$群の次の項であるから，

$$L_{n-1}+2=3^{n-1}-2+2=3^{n-1}\quad(n\geqq 2)$$

補足　$L_{n-1}+2$　の$+2$は等差数列$\{a_n\}$の公差2のことである。

$n=1$　とすると　$3^0=1$　より　$n=1$　のときも成り立つ。

群数列Aにおいて第n群の総和は，項数b_nの等差数列の和より，

$$\underbrace{(L_{n-1}+2)+\cdots+L_n}_{b_n\text{個}}=\underbrace{3^{n-1}+\cdots+(3^n-2)}_{b_n\text{個}}$$

$$=\frac{b_n}{2}(3^{n-1}+3^n-2)$$

$$=\frac{3^{n-1}}{2}(3^{n-1}+3\cdot3^{n-1}-2)$$

$$=\frac{3^{n-1}}{2}(4\cdot3^{n-1}-2)$$

$$=\boxed{3}_{チ}{}^{n-1}(\boxed{2}_{テ}\cdot3^{n-1}-\boxed{1}_{ナ})$$

$\boxed{⓪}_{ツ}$，$\boxed{⓪}_{ト}$

(iii) $M_{50}=3^{2499}$　と等しい数列$\{a_n\}$の項を探してみると，

(ii)より群数列Aにおいて，第n群の最初の項は3^{n-1}であるから$n=2500$　とすると一致する。

つまり，群数列Aにおいて，第2500群の最初の項は3^{2499}でありM_{50}と一致する。

よって，群数列Aにおいて，M_{50}と等しくなる数列$\{a_n\}$の項があるのは第$\boxed{2500}_{ニヌネノ}$群である。

研　究

等差数列と等比数列の一般項と和，群数列

等差数列 $\{a_n\}$ と等比数列 $\{b_n\}$ の一般項や和に関する問題と**群数列**を出題した。

(1)　公差と公比を求めるが，項の差 $a_2 - a_1$ と項の比 $\dfrac{b_2}{b_1}$ を求めるとよい。

初項もわかるので，数列 $\{a_n\}$，$\{b_n\}$ の一般項がわかる。

(2)　数列の和を求める。S_n，T_n は(3)の群数列でも登場する。

U_n は一般項が（等差数列）×（等比数列）の形になっているが，この和は 設問解説 のように和に公比 3 をかけて差をとり，変形するのが定石である。係数がすべて 2 になるのは等差数列の性質からである。

(3)　2 つの群数列に関する問題。群数列について，ポイントは次のとおりである。

> 各群の群尾（最後）が第何項かを調べる。
> （初項から群尾まで項がいくつあるかをチェックする）

注意として，群尾というのは「群の最後の項」という意味で，著者が勝手につけた言葉である。

たとえば，マラソン大会で，ランナーが 50 人ならば最後の人は 50 位とわかる。数列だと第 50 項ということになる。

ランナーが先頭集団から 3 人，5 人，7 人，10 人，25 人の集団になっていれば，それぞれの集団の人数をたして　$3+5+7+10+25=50$　であるから，50 人いることがわかる。

この発想を群数列にして，先頭集団の第 1 群から項の数をたしていけば，群尾が第何項かがわかるということである。群数列の問題は各群の個数に規則性があることがほとんどなので，数列の和の計算で群尾が第何項なのかがわかる。

本問では，群数列 A において第 1 群には b_1 個，第 2 群には b_2 個，…，第 n 群には b_n 個あるので，第 n 群の群尾 L_n は　$b_1+b_2+\cdots+b_n=T_n$　より，第 T_n 項と決まる。

数列 $\{a_n\}$ の一般項は　$a_n=2n-1$　であるから　$L_n=a_{T_n}=2T_n-1$　となる。

よくわからない人は　$n=1, 2, 3, 4, \cdots$　とわかるまで実験してみるとよい。

第 2 群以降の群の最初の項は，1 つ前の項が群尾であることを考えるとよい。

余計な話だが，センター試験では 2010 年，2016 年に群数列の問題が出題されている。この間隔が等差数列ならば……もしかしたら 2022 年は群数列が出題されるかもしれない。

第5問 数学B

ベクトル　標準

着眼点

①を満たす点Pについて考える。

(1) 四角形の対角線の交点が点Pである条件を考える。

(2) 四面体ABCDの内部に点Pがある条件を考える。

(3) 座標空間で具体的な4点A，B，C，Dを考える。

設問解説

異なる4点A，B，C，Dがあり，

$$\overrightarrow{AP}+\overrightarrow{BP}+\overrightarrow{CP}+\overrightarrow{DP}=\vec{0}$$

の関係を満たすので，始点をAとすると，

$$\overrightarrow{AP}+\overrightarrow{AP}-\overrightarrow{AB}+\overrightarrow{AP}-\overrightarrow{AC}+\overrightarrow{AP}-\overrightarrow{AD}=\vec{0}$$

すなわち　$4\overrightarrow{AP}=\overrightarrow{AB}+\overrightarrow{AC}+\overrightarrow{AD}$

よって　$\overrightarrow{AP}=\dfrac{\boxed{1}_{ア}}{\boxed{4}_{イ}}(\overrightarrow{AB}+\overrightarrow{AC}+\overrightarrow{AD})$　……①

(1) 標準

点Cは直線AP上にあるので，実数aを用いて，

$\overrightarrow{AC}=a\overrightarrow{AP}$　……ⓐ

と表せる。これを①へ代入すると，

$$\overrightarrow{AP}=\frac{1}{4}(\overrightarrow{AB}+a\overrightarrow{AP}+\overrightarrow{AD})$$

すなわち　$(\boxed{4}_{ウ}-\boxed{a}_{エ})\overrightarrow{AP}=\overrightarrow{AB}+\overrightarrow{AD}$

$a=4$　とすると　$\overrightarrow{AB}+\overrightarrow{AD}=\vec{0}$　となるので　$\overrightarrow{AB}=-\overrightarrow{AD}$

これは3点A，B，Dが同一直線上にあり，四角形ABCDが存在しないので不適。

$a\neq 4$　であるから　$\overrightarrow{AP}=\dfrac{1}{4-a}\overrightarrow{AB}+\dfrac{1}{4-a}\overrightarrow{AD}$　……ⓑ

点Pは直線BD上にあるので，実数bを用いて

$\overrightarrow{BP}=b\overrightarrow{BD}$

始点をAとして　$\overrightarrow{AP}-\overrightarrow{AB}=b(\overrightarrow{AD}-\overrightarrow{AB})$

すなわち　$\overrightarrow{\mathrm{AP}}=(1-b)\overrightarrow{\mathrm{AB}}+b\overrightarrow{\mathrm{AD}}$　……ⓒ

ⓑ＝ⓒとして，$\overrightarrow{\mathrm{AB}}$ と $\overrightarrow{\mathrm{AD}}$ はともに $\vec{0}$ でなく平行ではないので，

$$\begin{cases} \dfrac{1}{4-a}=1-b \\ \dfrac{1}{4-a}=b \end{cases}$$

$1-b=b$　であるから　$b=\dfrac{1}{2}$

$\dfrac{1}{4-a}=\dfrac{1}{2}$　であるから　$a=2$

よって　$a=$ 2 オ，$b=\dfrac{\boxed{1}_{カ}}{\boxed{2}_{キ}}$

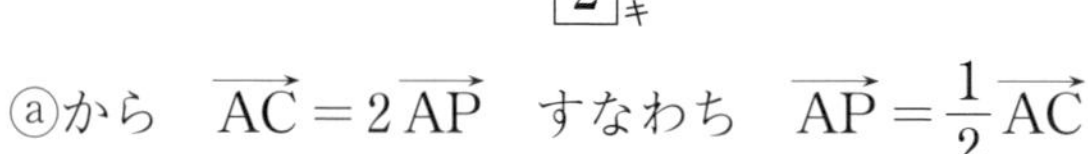

ⓐから　$\overrightarrow{\mathrm{AC}}=2\overrightarrow{\mathrm{AP}}$　すなわち　$\overrightarrow{\mathrm{AP}}=\dfrac{1}{2}\overrightarrow{\mathrm{AC}}$

ⓒから　$\overrightarrow{\mathrm{AP}}=\dfrac{1}{2}\overrightarrow{\mathrm{AB}}+\dfrac{1}{2}\overrightarrow{\mathrm{AD}}$

よって，点 P は四角形 ABCD の対角線 AC，BD の中点であるから四角形 ABCD は平行四辺形である。

この条件からは　AB ⊥ AD　や　AC ⊥ BD　はいえないので，四角形 ABCD はつねに長方形やひし形であるとはいえない。

よって，⑥ ク

(2) **標準**

四面体ABCDがあり，直線APと3点B，C，Dを通る平面との交点をQとする。

点Qは直線AP上にあるので，実数kを用いて，

$$\overrightarrow{AQ}=k\overrightarrow{AP}$$
$$=\frac{k}{4}\overrightarrow{AB}+\frac{k}{4}\overrightarrow{AC}+\frac{k}{4}\overrightarrow{AD}\quad(\because ①)\qquad\cdots\cdots ⓓ$$

点Qは平面BCD上にあるので，実数s，tを用いて

$$\overrightarrow{BQ}=s\overrightarrow{BC}+t\overrightarrow{BD}$$

始点をAとして，

$$\overrightarrow{AQ}-\overrightarrow{AB}=s(\overrightarrow{AC}-\overrightarrow{AB})+t(\overrightarrow{AD}-\overrightarrow{AB})$$

すなわち　$\overrightarrow{AQ}=(1-s-t)\overrightarrow{AB}+s\overrightarrow{AC}+t\overrightarrow{AD}$　……ⓔ

ⓓ=ⓔとして，$\overrightarrow{AB}$，$\overrightarrow{AC}$，$\overrightarrow{AD}$は同一平面上にないので，

$$\begin{cases}\dfrac{k}{4}=1-s-t\\[2mm]\dfrac{k}{4}=s\\[2mm]\dfrac{k}{4}=t\end{cases}$$

これらを辺々たして　$\frac{k}{4}+\frac{k}{4}+\frac{k}{4}=1$

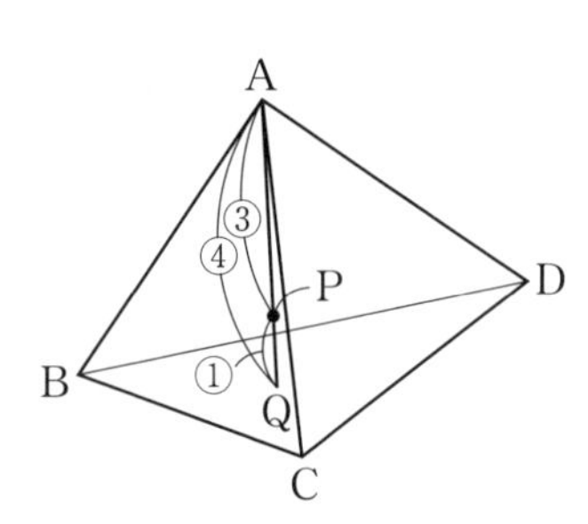

すなわち　$k=\frac{4}{3}$

これより　$s=t=\frac{1}{3}$

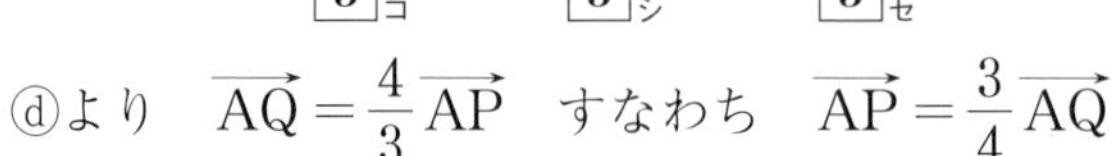

よって　$k=\frac{\boxed{4}_{ケ}}{\boxed{3}_{コ}}$，$s=\frac{\boxed{1}_{サ}}{\boxed{3}_{シ}}$，$t=\frac{\boxed{1}_{ス}}{\boxed{3}_{セ}}$

ⓓより　$\overrightarrow{AQ}=\frac{4}{3}\overrightarrow{AP}$　すなわち　$\overrightarrow{AP}=\frac{3}{4}\overrightarrow{AQ}$

$$AQ:AP=4:3$$

四面体ABCDの体積をV_1，四面体PBCDの体積をV_2とすると，体積比は底面を△BCDとすると高さの比が体積比になるので，

$$\frac{V_1}{V_2}=\frac{AQ}{PQ}=\frac{4}{1}=\boxed{4}_{ソ}$$

(3) 標準

座標空間で A(1, −1, 2), B(2, 0, 1), C(4, 2, −1), D(5, 3, −2) とする。

(i) O(0, 0, 0) として,

$\overrightarrow{AB}=\overrightarrow{OB}-\overrightarrow{OA}=(\boxed{1}_{タ},\ \boxed{1}_{チ},\ \boxed{-1}_{ツテ})$

$\overrightarrow{CD}=\overrightarrow{OD}-\overrightarrow{OC}=(1,\ 1,\ -1)$

よって $\overrightarrow{AB}=\overrightarrow{\mathbf{CD}}$ ⑤ ト

補足 ⓪ $\overrightarrow{AC}=(3,\ 3,\ -3)$ ① $\overrightarrow{AD}=(4,\ 4,\ -4)$

② $\overrightarrow{BA}=(-1,\ -1,\ 1)$ ③ $\overrightarrow{BC}=(2,\ 2,\ -2)$

④ $\overrightarrow{BD}=(3,\ 3,\ -3)$

⓪〜④は $\overrightarrow{AB}=(1, 1, -1)$ と等しくないベクトルである。

(ii) $\overrightarrow{AC}=\overrightarrow{OC}-\overrightarrow{OA}=(3,\ 3,\ -3)$

$=3(1,\ 1,\ -1)=3\overrightarrow{AB}$

A B C D

$\overrightarrow{AD}=\overrightarrow{OD}-\overrightarrow{OA}=(4,\ 4,\ -4)=4(1,\ 1,\ -1)=4\overrightarrow{AB}$

これより, 4点A, B, C, Dは同一直線上にある。

よって, 4点A, B, C, Dを頂点とする四角形は**存在しない**。 ③ ナ

(iii) (ii)より, $\overrightarrow{AC}=3\overrightarrow{AB}$, $\overrightarrow{AD}=4\overrightarrow{AB}$

①は, $\overrightarrow{AP}=\dfrac{1}{4}(\overrightarrow{AB}+3\overrightarrow{AB}+4\overrightarrow{AB})=2\overrightarrow{AB}$ ……①′

②は, $\overrightarrow{AP}=x\overrightarrow{AB}+y\overrightarrow{AC}+z\overrightarrow{AD}=x\overrightarrow{AB}+3y\overrightarrow{AB}+4z\overrightarrow{AB}$

$=(x+3y+4z)\overrightarrow{AB}$ ……②′

①′ =②′ として,

$2\overrightarrow{AB}=(x+3y+4z)\overrightarrow{AB}$

$\overrightarrow{AB}\neq\vec{0}$ であるから $x+3y+4z=2$ となる。

これを満たす実数の組 $(x,\ y,\ z)$ は**無数にある**。 ③ ニ

研　究

4つのベクトルの関係式の考察

与えられたベクトルの条件　$\overrightarrow{AP}=\frac{1}{4}(\overrightarrow{AB}+\overrightarrow{AC}+\overrightarrow{AD})$　を3つの場合で考える問題。なお，始点を変えるのは，$\overrightarrow{AB}=\overrightarrow{OB}-\overrightarrow{OA}$（始点をAからOへ）のように差の形で変形する。

(1)　凸四角形ABCDとは4つの内角がすべて180°未満の四角形のことである。問題文にヒントがあったが，$\overrightarrow{AP}$ を $\overrightarrow{AB}$ と $\overrightarrow{AD}$ の2通りで表して，係数を同じにすれば a，b は求められる。

ただし，この係数が比較できるのは，$\overrightarrow{AB}$ と $\overrightarrow{AD}$ はともに $\vec{0}$ でなく平行でない場合（$\overrightarrow{AB}$ と $\overrightarrow{AD}$ は1次独立）に限る。

対角線のおのおのの中点で交わる四角形は平行四辺形である。なお，本問では成立しないが，4つの内角が直角ならば長方形になり，対角線が直交すればひし形になる。ちなみに，長方形とひし形は平行四辺形であるから，(I)または(II)が正で，(III)が誤となることはない。

(2)　$\overrightarrow{AQ}$ を $\overrightarrow{AB}$，$\overrightarrow{AC}$，$\overrightarrow{AD}$ の2通りで表して，係数を同じにすれば k，s，t が求められる。

ただし，この係数が比較できるのは，$\overrightarrow{AB}$，$\overrightarrow{AC}$，$\overrightarrow{AD}$ が同一平面上にない場合（$\overrightarrow{AB}$ と $\overrightarrow{AC}$ と $\overrightarrow{AD}$ は1次独立）に限る。

なお，①を $\overrightarrow{AB}$，$\overrightarrow{AC}$，$\overrightarrow{AD}$ の係数の和が1になるように変形して，

$$\overrightarrow{AP}=\frac{3}{4}\cdot\frac{\overrightarrow{AB}+\overrightarrow{AC}+\overrightarrow{AD}}{3}$$

として　$\overrightarrow{AQ}=\frac{\overrightarrow{AB}+\overrightarrow{AC}+\overrightarrow{AD}}{3}$　とおいて　$\overrightarrow{AP}=\frac{3}{4}\overrightarrow{AQ}$　のように変形することもできる。ちなみに，点Qは△BCDの重心である。

四面体の体積比の問題は体積を $\frac{1}{3}$・(底面積)・(高さ)から求めるので，底面積が共通ならば高さの比が体積比になる。

(3)　$\overrightarrow{AB}=\overrightarrow{CD}$　や　$\overrightarrow{AC}=\overrightarrow{BD}$　が成り立つから平行四辺形と答えたくなるが，これは　$\overrightarrow{AC}=3\overrightarrow{AB}$，$\overrightarrow{AD}=4\overrightarrow{AB}$　となることから，4点A，B，C，Dは同一直線上にあるというオチであった。

(iii)は②＝①として，$x\overrightarrow{AB}+y\overrightarrow{AC}+z\overrightarrow{AD}=\frac{1}{4}\overrightarrow{AB}+\frac{1}{4}\overrightarrow{AC}+\frac{1}{4}\overrightarrow{AD}$　であるから，係数を比較して，$x=\frac{1}{4}$，$y=\frac{1}{4}$，$z=\frac{1}{4}$ のみであるとしてはいけない。(2)のように $\overrightarrow{AB}$，$\overrightarrow{AC}$，$\overrightarrow{AD}$ が同一平面上にないという条件を満たしていない。**設問解説**のように，$x+3y+4z=2$　という関係式になる。これを満たす組 $(x,\ y,\ z)$ は，x，y，z の未知数3個で式が1つしかないので，$(x,\ y,\ z)=\left(\frac{1}{4},\ \frac{1}{4},\ \frac{1}{4}\right)$ 以外にも $(x,\ y,\ z)=(2,\ 0,\ 0)$，$(-1,\ 1,\ 0)$，…　と無数にある。

予想問題
第2回
解答・解説

100点／60分

予想問題・第2回　解　答

問題番号(配点)	解答記号	正　解	配点
第1問(30)	ア	⓪	2
	イ	①	3
	ウ	⑥	2
	エ	⑤	3
	オ	⓪	1
	$(\sqrt{\text{カ}},\ \text{キ})$	$(\sqrt{3},\ 1)$	1
	ク	2	1
	ケ	⓪	2
	コ, サ	③, ⑧	3
	シ, ス	④, ⑧	2
	$d=$ セ	$d=2$	1
	$\frac{\pi}{\text{ソ}}, \frac{\text{タチ}}{\text{ツ}}\pi$	$\frac{\pi}{2}, \frac{11}{6}\pi$	2
	$\frac{\pi}{\text{テ}}$	$\frac{\pi}{3}$	2
	$\frac{\text{ト}}{\text{ナ}}\pi$	$\frac{4}{3}\pi$	2
	$\text{ニ}\sqrt{\text{ヌ}}$	$2\sqrt{3}$	1
	$\text{ネ}\sqrt{\text{ノ}}-\frac{4}{3}\pi$	$4\sqrt{3}-\frac{4}{3}\pi$	2
第2問(30)	ア	②	2
	$\text{イ}x^3-\text{ウ}ax^2+a^{\text{エ}}x$	$4x^3-4ax^2+a^2x$	2
	$\frac{a}{\text{オ}}$	$\frac{a}{6}$	1
	$\frac{\text{カ}}{\text{キク}}a^{\text{ケ}}$	$\frac{2}{27}a^3$	2
	コ	②	2
	サ	④	3
	シ	①	1
	スセソ	500	2
	タ	0	1
	$\text{チ}(x-\alpha)(x-\beta)$	$3(x-\alpha)(x-\beta)$	1
	ツ	⑤	2
	テト	10	2
	$x^3-\text{ナ}x^2-\text{ニヌ}x+\text{ネノ}$	$x^3-9x^2-48x+48$	2
	ハヒフ	−75	2
	ヘ	②	2
	ホ	③	3

(注)
　第1問，第2問は必答。第3問～第5問のうちから2問選択。計4問を解答。

問題番号(配点)	解答記号	正　解	配点
第3問(20)	$Y=\text{ア}X-n$	$Y=3X-n$	1
	イ	③	1
	ウエ, オカ	50, 25	2
	キク, ケコサ	50, 225	3
	シ	②	2
	$\text{スセ}\leqq X\leqq\text{ソタ}$	$41\leqq X\leqq 59$	3
	チツ	20	1
	テ, ト	⓪, ⑤	3
	ナ	⓪	2
	ニ	①	2
第4問(20)	ア	5	1
	イウ	13	1
	エ	①	2
	$\frac{\text{オ}}{\text{カ}}a_n+\frac{\text{キ}}{\text{ク}}b_n$	$\frac{5}{6}a_n+\frac{1}{6}b_n$	2
	ケ	3	1
	コサ	18	1
	$\frac{\text{シ}}{\text{ス}}a_n+\text{セ}$	$\frac{2}{3}a_n+3$	2
	$\text{ソ}-\text{タ}\left(\frac{2}{3}\right)^n$	$9-6\left(\frac{2}{3}\right)^n$	2
	チ	⓪	2
	$\text{ツ}+\frac{\text{テ}}{\text{トナ}}$	$3+\frac{a}{25}$	2
	$\left(1-\frac{\text{ニ}}{\text{ヌネノ}}\right)c_n+\frac{\text{ハ}}{\text{ヒフ}}a$	$\left(1-\frac{a}{150}\right)c_n+\frac{3}{50}a$	2
	$\text{ヘ}-\text{ホ}\left(1-\frac{a}{150}\right)^n$	$9-6\left(1-\frac{a}{150}\right)^n$	2
第5問(20)	ア	1	1
	$\frac{\text{イウ}}{\text{エ}}$	$\frac{-1}{2}$	2
	$\frac{\text{オ}}{\text{カ}}\overrightarrow{OB}+\frac{\text{キ}}{3}\overrightarrow{OC}$	$\frac{2}{3}\overrightarrow{OB}+\frac{1}{3}\overrightarrow{OC}$	2
	$\frac{\text{ク}}{\text{ケ}}$	$\frac{1}{6}$	2
	$\text{コ}\lvert\overrightarrow{OP}\rvert^2-\text{サ}\overrightarrow{OP}\cdot(\overrightarrow{OA}+\overrightarrow{OB}+\overrightarrow{OC})+\text{シ}$	$3\lvert\overrightarrow{OP}\rvert^2-2\overrightarrow{OP}\cdot(\overrightarrow{OA}+\overrightarrow{OB}+\overrightarrow{OC})+3$	2
	ス, セ	⑤, ①	2
	$\frac{\text{ソタ}}{\text{チ}}$	$\frac{15}{4}$	2
	ツ	③	2
	テ, ト, ナ	⓪, ④, ⑤	3
	ニ	④	2

第1問　数学Ⅱ

1　指数関数・対数関数　やや難

着眼点

(1)　マグニチュードと地震波のエネルギーに関するグラフの概形を考える。

(2)　地震波のエネルギー E の比率をマグニチュード M で表す。

(3)　マグニチュードが2増加すると地震波のエネルギーが何倍になるかを調べる。

(4)　地震波のエネルギーが512倍されたマグニチュードの増減を調べる。

設問解説

(1)　標準

$\log_{10} E = 4.8 + 1.5M$　より　$E = 10^{4.8+1.5M} = 10^{4.8} \cdot (10^{1.5})^M$

$M = 1$ とすると，$E = 10^{4.8+1.5} = 10^{6.3}$ なので，点 $\mathrm{A}(1,\ 10^{6.3})$

$M = 9$ とすると，$E = 10^{4.8+13.5} = 10^{18.3}$ なので，点 $\mathrm{B}(9,\ 10^{18.3})$

グラフは単調に増加する指数関数のグラフの概形になるから　**0**ア

(2)　やや難

$(M,\ E) = (M_1,\ E_1),\ (M_2,\ E_2)$　として，

$$\begin{cases} \log_{10} E_1 = 4.8 + 1.5M_1 & \cdots\cdots① \\ \log_{10} E_2 = 4.8 + 1.5M_2 & \cdots\cdots② \end{cases}$$

$\log_{10} E_1 - \log_{10} E_2 = \log_{10} \dfrac{E_1}{E_2}$　であるから，①－②として，

$$\log_{10} \frac{E_1}{E_2} = 1.5(M_1 - M_2) \quad \cdots\cdots③$$

すなわち　$\dfrac{E_1}{E_2} = \mathbf{10^{1.5(M_1-M_2)}}$　**1**イ

別解　①，②より　$\begin{cases} E_1 = 10^{4.8+1.5M_1} \\ E_2 = 10^{4.8+1.5M_2} \end{cases}$

よって，$\dfrac{E_1}{E_2} = \dfrac{10^{4.8+1.5M_1}}{10^{4.8+1.5M_2}} = 10^{4.8+1.5M_1-(4.8+1.5M_2)} = \mathbf{10^{1.5(M_1-M_2)}}$　**1**イ

(3) 標準

(2)で　$M_1=6.1$，$M_2=4.1$　とすると，$M_1-M_2=2$

すなわち　$\dfrac{E_1}{E_2}=10^{1.5(M_1-M_2)}=10^{1.5\times 2}=10^3$

よって，E_1 は E_2 の 10^3 倍である。 ⑥ウ

(4) 難

(2)で E_2 が $512(=2^9)$ 倍されて E_1 になったとすると，

$$\frac{E_1}{E_2}=2^9$$

③から，$\log_{10}2^9=1.5(M_1-M_2)$

つまり，$9\log_{10}2=\dfrac{3}{2}(M_1-M_2)$

すなわち，$M_1-M_2=9\cdot\dfrac{2}{3}\cdot\log_{10}2=6\log_{10}2=6\cdot 0.3010$

$$=1.806\fallingdotseq 1.8$$

よって，マグニチュードはおよそ**1.8** ⑤エ だけ**増加** ⓪オ する。

研　究

地震の数値

物理ではなく数学の問題。**指数・対数**の問題である。

(1)　E を M で表すと指数関数になる。概形は単調増加で下に凸になっている。縦軸はとても大きな値になるので，実用的には**予想問題第 1 回** 2 にあるような片対数グラフにして考えることが多い。

片対数グラフ（**第 1 回** 2 参照）にすると，横軸が M，縦軸は

$Y = \log_{10} E = 4.8 + 1.5M$　なので，傾きが 1.5 の直線になる。

(2)　E の比率は対数の差を利用する。別解 は(1)で E を M で表したことから比率を考えている。

(3)　$M_1 = 6.1$，$M_2 = 4.1$　として，$M_1 - M_2 = 2$　とした。マグニチュードの差が 2 ならば地震波のエネルギーは 10^3 倍になる。

$M = 2.8$　から M の値を 2 ずつ増やしたときの E の値は，次の表のようになる。

M	2.8	4.8	6.8	8.8
E	10^9	10^{12}	10^{15}	10^{18}

大地震の　$M = 8.8$　になると，$M = 2.8$　の $10^9 = 1000000000$（倍）と十億倍のとんでもないエネルギーになる。対数が巨大な数を扱っているのが実感できる。

(4)　エネルギーの倍率からマグニチュードの変化をみる。対数を用いて計算できる。倍率をみるときは比 $\dfrac{E_1}{E_2}$ に，どのくらい大きくなったかをみるときは差 $M_1 - M_2$ にすることがポイントである。

余談だが，(3)のマグニチュード 6.1 は 2018（平成 30）年 6 月 18 日の朝に起きた大阪府北部地震の数値である。筆者はこの地震の被災者であった。大きな本棚が倒れ，壁に穴があき，キッチンでは破損した食器が散乱していた。天災は突然やってくるものだと痛感した。

着眼点

(1) 円の中心と半径を求める。
(2) 点と直線の距離を求める。
(3) 三角関数のとりうる値の範囲を求める。
(4) 円と２本の接線で囲まれる図形の面積を求める。

設問解説

(1) 易

円 $C: x^2+y^2-2\sqrt{3}x-2y=0$
を変形して　$(x-\sqrt{3})^2+(y-1)^2=4$

よって，円 C は中心 $\mathrm{C}(\sqrt{\boxed{3}}_{\text{カ}}, \boxed{1}_{\text{キ}})$，半径は $\boxed{2}_{\text{ク}}$ の円である。

(2) やや易

点Cと　直線 $\ell: (\cos\theta)x+(\sin\theta)y+1=0$　の距離を d とすると，
点と直線の距離の公式から，

$$d=\frac{|\sqrt{3}\cos\theta+\sin\theta+1|}{\sqrt{\cos^2\theta+\sin^2\theta}}=|\mathbf{\sin\theta+\sqrt{3}\cos\theta+1}|\quad \boxed{⓪}_{\text{ケ}}$$

(3) 標準

$f(\theta)=\sin\theta+\sqrt{3}\cos\theta+1$
とおくと，三角関数の合成を用いて，

$$f(\theta)=2\sin\left(\theta+\frac{\pi}{3}\right)+1$$

$0\leqq\theta<2\pi$　より　$\dfrac{\pi}{3}\leqq\theta+\dfrac{\pi}{3}<\dfrac{7}{3}\pi$　であるから，

$$-1\leqq\sin\left(\theta+\frac{\pi}{3}\right)\leqq 1$$

よって　$-1\leqq 2\sin\left(\theta+\dfrac{\pi}{3}\right)+1\leqq 3$　であるから　$\mathbf{-1\leqq f(\theta)\leqq 3}$

$\boxed{③}_{\text{コ}}$，$\boxed{⑧}_{\text{サ}}$

このことから　$\mathbf{0\leqq|f(\theta)|\leqq 3}$　$\boxed{④}_{\text{シ}}$，$\boxed{⑧}_{\text{ス}}$
これより　$0\leqq d\leqq 3$

(4) やや難

円 C と直線 ℓ が接するのは $d=\boxed{2}_{\text{セ}}$ である。

$|f(\theta)|=2$ すなわち $f(\theta)=\pm2$ となるが，(3)より，$f(\theta)\neq-2$ なので $f(\theta)=2$ である。

$$2\sin\left(\theta+\frac{\pi}{3}\right)+1=2 \quad \text{すなわち} \quad \sin\left(\theta+\frac{\pi}{3}\right)=\frac{1}{2}$$

$0\leqq\theta<2\pi$ より $\dfrac{\pi}{3}\leqq\theta+\dfrac{\pi}{3}<\dfrac{7}{3}\pi$ であるから，

$$\theta+\frac{\pi}{3}=\frac{5}{6}\pi,\ \frac{13}{6}\pi$$

よって $\theta=\dfrac{\pi}{\boxed{2}_{\text{ツ}}},\ \dfrac{\boxed{11}_{\text{タチ}}}{\boxed{6}_{\text{ツ}}}\pi$

$\theta=\dfrac{\pi}{2}$ のときの直線 ℓ を ℓ_1 とするので，ℓ_1 の方程式は $y=-1$

$\theta=\dfrac{11}{6}\pi$ のときの直線 ℓ を ℓ_2 とするので，ℓ_2 の方程式は，

$$\frac{\sqrt{3}}{2}x-\frac{1}{2}y+1=0 \quad \text{すなわち} \quad y=\sqrt{3}x+2$$

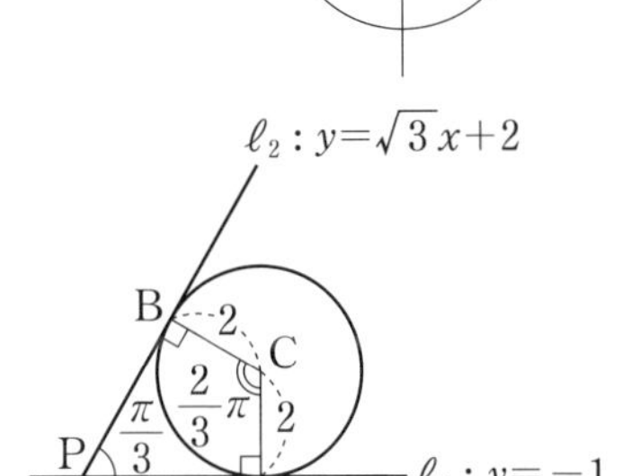

よって，ℓ_1 の傾きは0，ℓ_2 の傾きは $\sqrt{3}=\tan\dfrac{\pi}{3}$ であるから，

ℓ_1 と ℓ_2 のなす角は $\dfrac{\pi}{\boxed{3}_{\text{テ}}}$

$\angle\mathrm{PAC}=\angle\mathrm{PBC}=\dfrac{\pi}{2}$ であるから $\angle\mathrm{ACB}=\dfrac{2}{3}\pi$

よって，おうぎ形ACBの面積は中心角 $\dfrac{2}{3}\pi$，半径2より，

$$\frac{1}{2}\cdot2^2\cdot\frac{2}{3}\pi=\frac{\boxed{4}_{\text{ト}}}{\boxed{3}_{\text{ナ}}}\pi \quad \cdots\cdots①$$

$\triangle$PACは　$\angle\mathrm{APC}=\dfrac{\pi}{6}$，$\angle\mathrm{PAC}=\dfrac{\pi}{2}$　の直角三角形であるから，$\mathrm{PA}=\sqrt{3}\mathrm{CA}=\boxed{2}_{ニ}\sqrt{\boxed{3}}_{ヌ}$

四角形PACBの面積は，$\triangle\mathrm{PAC}=\triangle\mathrm{PBC}$ より，

$$\triangle\mathrm{PAC}+\triangle\mathrm{PBC}=\frac{1}{2}\cdot 2\sqrt{3}\cdot 2\times 2=4\sqrt{3}\quad\cdots\cdots②$$

円 C と2本の直線 ℓ_1，ℓ_2 で囲まれる図形の面積は②－①より

$$\boxed{4}_{ネ}\sqrt{\boxed{3}}_{ノ}-\frac{4}{3}\pi$$

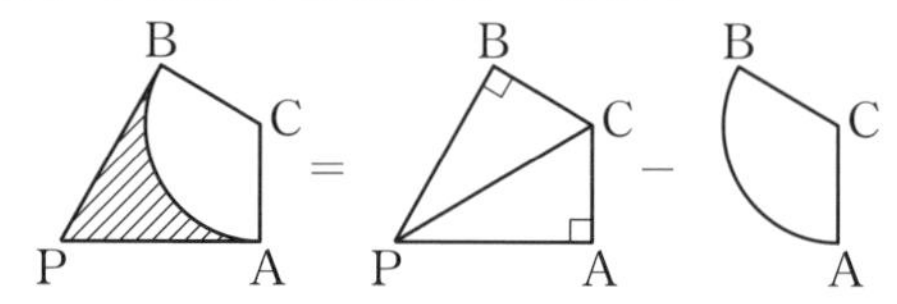

研　究

円と直線の位置関係と三角関数

座標平面における円と直線の位置関係と三角関数の問題。

(1)　平方完成すると円の中心と半径が求められる。

(2)　点と直線の距離の公式を用いる。

座標平面での点と直線の距離

座標平面上で点 $(s,\ t)$ と直線　$ax+by+c=0$　の距離を d とする。
つまり，点 $\mathrm{P}(s,\ t)$ から直線　$ax+by+c=0$　へ垂線PHを下ろすと

$$\boldsymbol{d=\mathrm{PH}=\frac{|as+bt+c|}{\sqrt{a^2+b^2}}}$$

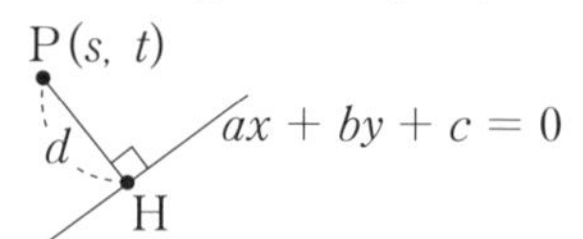

本問で，この公式を用いると　$\cos^2\theta+\sin^2\theta=1$　から分母が1になる。

(3)　三角関数の合成を用いる（**第1日程** 第1問 [1] 研究 参照）。

余弦（コサイン）で合成してもよいが，ここでは正弦（サイン）で合成した。合成したあとは，角の範囲に注意して正弦（サイン）の範囲をおさえるとよい。

$-1\leqq f(\theta)\leqq 3$　だから絶対値をとり，$1\leqq|f(\theta)|\leqq 3$　と誤答しないように。

正しくは　$0\leqq|f(\theta)|\leqq 3$　である。

また，$\sin\theta\leqq 1$，$\cos\theta\leqq 1$　だから　$\sin\theta+\sqrt{3}\cos\theta+1\leqq 1+\sqrt{3}+1=2+\sqrt{3}$

よって　$f(\theta)\leqq 2+\sqrt{3}$　は誤答である。

$\sin\theta=1$　かつ　$\cos\theta=1$　となる θ はないので等号が成り立たない。

$f(\theta)<2+\sqrt{3}$　がわかっただけである。

(4) 円と直線の位置関係は次のようになる。

円と直線の位置関係

平面上に円 C と直線 ℓ がある。円 C の中心と直線 ℓ の距離を d，円 C の半径を r として，これらの位置関係は次のようになる。

d と r	$d<r$	$d=r$	$d>r$
位置関係	異なる2点で交わる	1点で接する	共有点をもたない
図	円C	円C	円C

円 C と直線 ℓ が接するのは円の中心 C と直線 ℓ の距離 d が半径 2 と等しいときであることから，本問では方程式を解いて θ を求めている。

$\theta=\dfrac{\pi}{2}$，$\dfrac{11}{6}\pi$ を ℓ の式に代入すると ℓ_1 と ℓ_2 が求められる。

直線のなす角は傾きに着目するのが基本である。

後半は図をしっかり描いてから，おうぎ形の面積を求める。

> 中心角 θ（ラジアン），半径 r のおうぎ形の面積は $\dfrac{1}{2}r^2\theta$
>
> 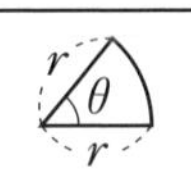
>

これは半径 r の円の面積 πr^2 と中心角 θ から $\pi r^2\times\dfrac{\theta}{2\pi}=\dfrac{1}{2}r^2\theta$ となる。なお，θ は弧度法の角である。

最後の円 C と 2 本の直線 ℓ_1，ℓ_2 で囲まれる図形の面積は四角形 PACB の面積からおうぎ形 ACB の面積をひけば求められる。

第2問　数学Ⅱ

  標準

着眼点

(1)　ふたのない容器の体積の最大値を求める。

(2)　ふたのある容器の体積とふたのない容器の体積の関係を考える。

設問解説

(1)　標準

(i)　容器は下図のように3辺の長さが，$a-2x$，$a-2x$，x の直方体になるので容器をつくることができる x の値の範囲は，

$$\begin{cases} a-2x>0 \\ x>0 \end{cases}$$

よって　$0<x<\dfrac{a}{2}$　②ア

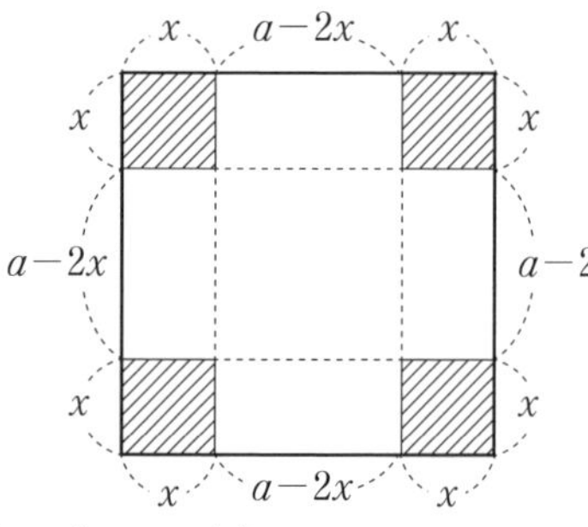

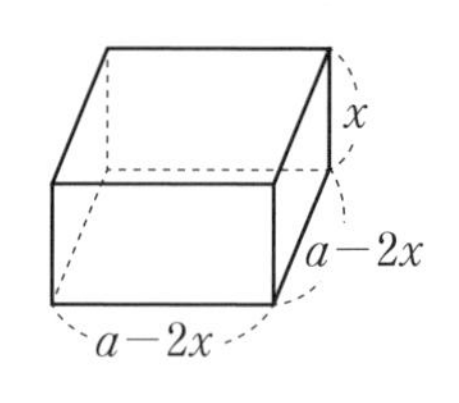

(ii)　$V_1(x)=(a-2x)^2x$

$=\boxed{4}_{イ}x^3-\boxed{4}_{ウ}ax^2+a^{\boxed{2}_{エ}}x$

$V_1{}'(x)=12x^2-8ax+a^2$

$=(6x-a)(2x-a)$

右の増減表のようになるので，

$x=\dfrac{a}{\boxed{6}_{オ}}$　のとき，

最大値　$\dfrac{\boxed{2}_{カ}}{\boxed{27}_{キク}}a^{\boxed{3}_{ケ}}$

x	(0)	$\cdots$	$\dfrac{a}{6}$	$\cdots$	$\left(\dfrac{a}{2}\right)$
$V_1{}'(x)$		$+$	0	$-$	
$V_1(x)$	(0)	↗	$\dfrac{2}{27}a^3$	↘	(0)

(2) 

(i) 容器は下図のように3辺の長さが，$a-2x$，$\dfrac{a-2x}{2}$，x の直方体になるので，

$$\begin{cases} a-2x>0 \\ x>0 \end{cases}$$

よって　$0<x<\dfrac{a}{2}$　②コ

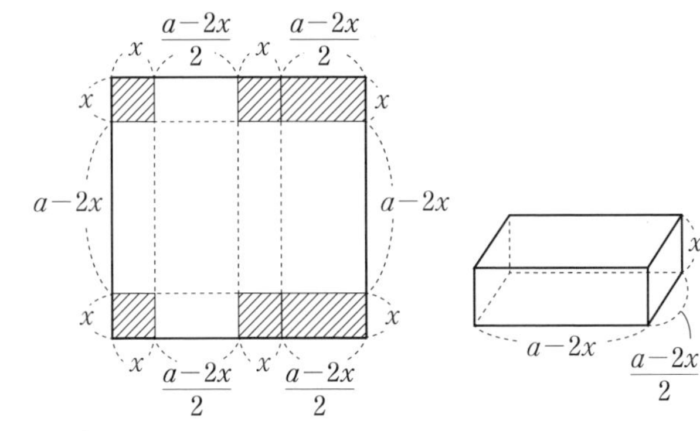

(ii) $V_2(x)=\dfrac{1}{2}(a-2x)^2x$

$=\dfrac{1}{2}V_1(x)$

よって，$V_2(x)$ は $V_1(x)$ のちょうど半分になる。④サ

研　究

ふたのある容器とふたのない容器の体積

正方形の厚紙Pからつくられるふたがない容器の体積 $V_1(x)$ とふたのある容器の体積 $V_2(x)$ の関係を調べる問題。

(1) 正方形の四隅を切り取りふたがない容器をつくるが，直方体の体積の計算で縦，横，高さの積になる。

$V_1(x)$ は3次関数であり，微分して増減を調べると最大値も求められる。

(2) 正方形の四隅を切り取りふたがある容器をつくるが，ふたがない体積のちょうど半分になるのはおもしろい結果である。

ここで，厚紙Pを長方形にした場合はどうだろうか？　余裕があれば考えてみてほしい。追加問題にしておこう。

追加問題

2辺の長さが a，$b\,(a<b)$ の長方形の厚紙Qがある。

厚紙Q

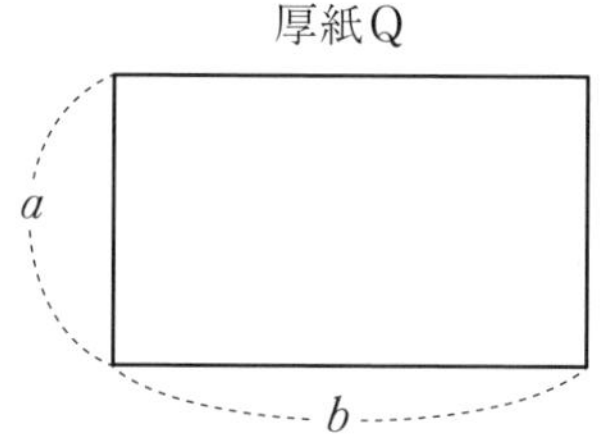

このとき，右図のようにQの四隅から1辺の長さが x の正方形を切り取って，図の点線部分を折り曲げてふたのない容器をつくる。この容器の体積を $W_1(x)$ とする。

また，右の図のようにQの二隅から，さらに1辺の長さが x となる長方形を切り取って，点線部分を折り曲げてふたのある容器をつくる。

ただし，線分ABと線分CDは重なるようにする。

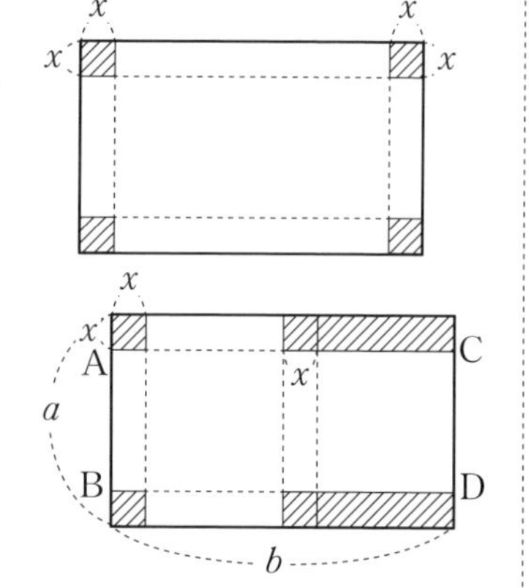

この容器の体積を $W_2(x)$ とする。

2つの容器ができる x の値の範囲において，$W_1(x)$ と $W_2(x)$ の関係を求めよ。

《解答例》

ふたのない容器は次ページの図のように3辺の長さが，$a-2x$，$b-2x$，x の直方体になる。

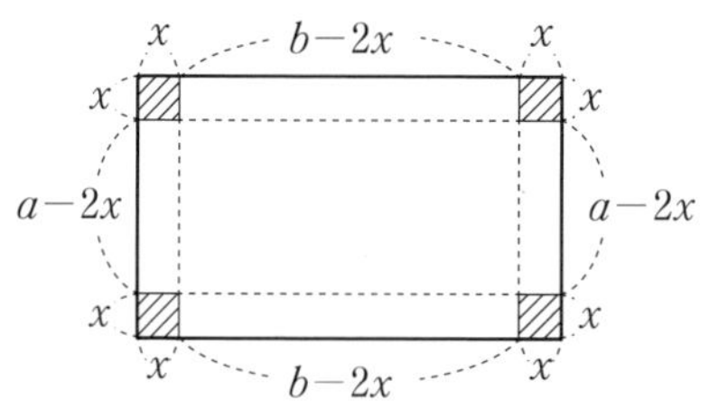

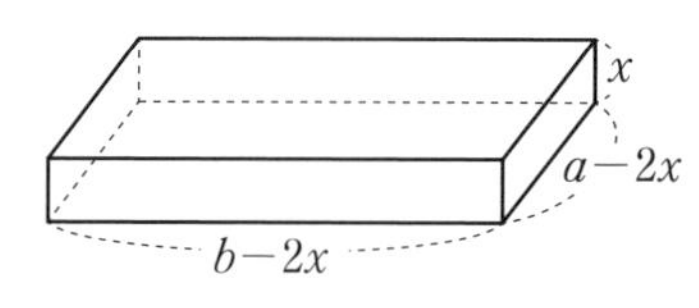

$a-2x>0,\ b-2x>0,\ x>0$ より $0<x<\dfrac{a}{2}<\dfrac{b}{2}$ $(\because\ a<b)$

$$W_1(x)=(a-2x)(b-2x)x\quad\left(0<x<\frac{a}{2}\right)$$

ふたのある容器は下図のように3辺の長さが，$a-2x$，$\dfrac{b-2x}{2}$，x の直方体になる。

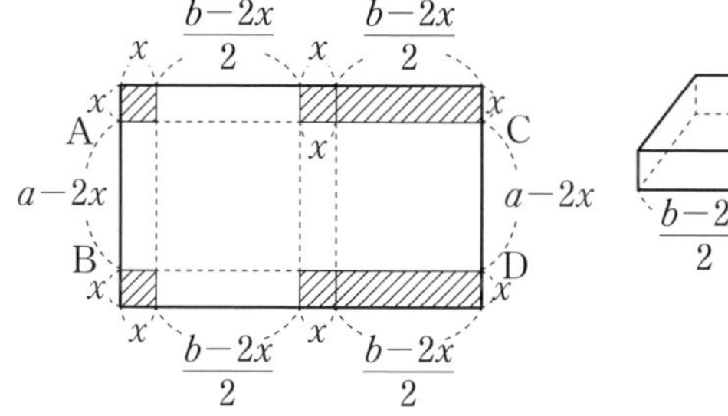

$$W_2(x)=\frac{1}{2}(a-2x)(b-2x)x\quad\left(0<x<\frac{a}{2}\right)$$

よって　$W_2(x)=\dfrac{1}{2}W_1(x)$　すなわち　$W_2(x)$ は $W_1(x)$ の半分に等しい。

補足　ふたがある容器にかんしては，下の図のように3辺の長さが，$\dfrac{a-2x}{2}$，$b-2x$，x の直方体になるような容器をつくることもできる。

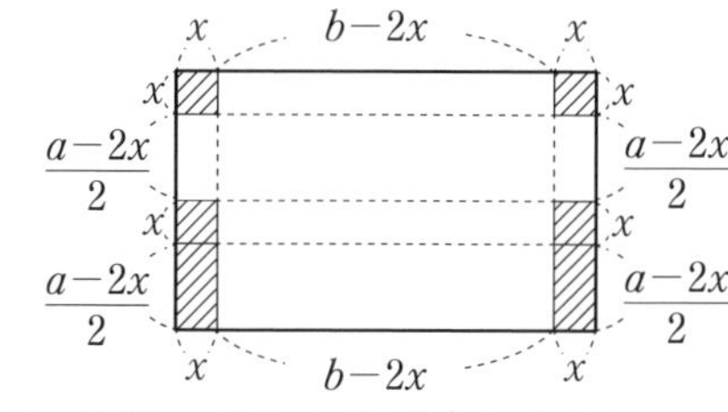

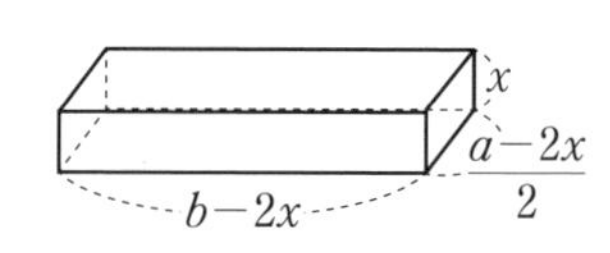

この容器の体積を $W_3(x)$ とすると

$$W_3(x)=\frac{1}{2}(a-2x)(b-2x)x\quad\left(0<x<\frac{a}{2}\right)$$

これより　$W_2(x)=W_3(x)$　である。

正方形を長方形にかえても，同じ長方形からつくられるふたがある容器の体積はふたのない容器の体積のちょうど半分になることがおもしろい結果である。

2 微分・積分 標準

着眼点

(1) 定積分を2通りで表して，$\beta-\alpha$ の値を求める。
(2) $f(x)$ を求め，接線の傾きが最小になる場合で方程式を考える。
(3) 3次方程式の解について正しくないものを1つ選ぶ。

設問解説

増減表より　$\alpha<\beta$
$f(x)$ の極値は，
　極大値　$f(\alpha)=100$
　極小値　$f(\beta)=-400$

(1) 標準

(i) $f'(x)$ の**原始関数** ① シ の1つが $f(x)$ であるから，

$$\int_\beta^\alpha f'(x)dx=[f(x)]_\beta^\alpha=f(\alpha)-f(\beta)=100-(-400)$$
$$=\boxed{500}_{スセソ}$$

$$f(x)=x^3+ax^2+bx+c$$

(ii) $f'(x)=3x^2+2ax+b$

$f(x)$ は　$x=\alpha,\ \beta$　で極値をもつので　$f'(\alpha)=\boxed{0}_{タ}$，$f'(\beta)=0$

これと，$f'(x)$ の x^2 の係数が3であることより，

$$f'(x)=\boxed{3}_{チ}(x-\alpha)(x-\beta)$$

$$\int_\beta^\alpha f'(x)dx=-3\int_\alpha^\beta(x-\alpha)(x-\beta)dx=3\cdot\frac{1}{6}(\beta-\alpha)^3$$
$$=\frac{1}{2}(\beta-\alpha)^3\quad ⑤_{ツ}$$

(iii) (i)，(ii)より，$\frac{1}{2}(\beta-\alpha)^3=500$　すなわち　$(\beta-\alpha)^3=1000$

よって　$\beta-\alpha=\boxed{10}_{テト}$

(2) **標準**

$f(8)<0$, $f'(8)=0$ より $\beta=8$

(1)(iii)から, $\alpha=-2$

これより $f'(x)=3(x+2)(x-8)=3x^2-18x-48$

$f'(x)=3x^2+2ax+b$ であるから,

$$\begin{cases} 2a=-18 \\ b=-48 \end{cases}$$

すなわち $a=-9$, $b=-48$

$$f(x)=x^3-9x^2-48x+c$$

極大値 $f(-2)=100$ なので,

$$f(-2)=-8-36+96+c=100$$

すなわち $c=48$

よって $f(x)=x^3-\boxed{9}_{ナ}x^2-\boxed{48}_{ニヌ}x+\boxed{48}_{ネノ}$

別解 $f'(x)=3x^2-18x-48$ を x で積分して

$$f(x)=x^3-9x^2-48x+C \quad (C\text{は積分定数})$$

極大値 $f(-2)=100$ なので,

$$f(-2)=-8-36+96+C=52+C=100 \quad \therefore \ C=48$$

よって $f(x)=x^3-\boxed{9}_{ナ}x^2-\boxed{48}_{ニヌ}x+\boxed{48}_{ネノ}$

曲線 $y=f(x)$ 上の点 $(t,\ f(t))$ における接線の方程式は,

$$y=f'(t)(x-t)+f(t)$$

接線の傾き $f'(t)=3t^2-18t-48$

$$=3(t-3)^2-75$$

$y=f'(t)$
$t=3$

これが最小になるのは $t=3$ のときで, 最小になる傾きは $\boxed{-75}_{ハヒフ}$

$$f'(3)=-75$$

$$f(3)=-150$$

このときの接線の方程式は,

$$y=-75(x-3)-150$$

$$=-75x+75$$

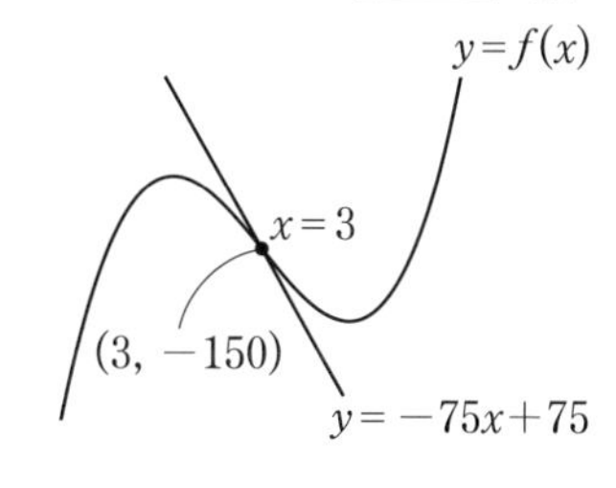

これが $y=-75x+d$ である。

x の3次方程式 $f(x)=-75x+d$ は,

$$x^3-9x^2-48x+48=-75x+75$$

つまり $x^3-9x^2+27x-27=0$

すなわち $(x-3)^3=0$

よって, **解は実数の解 $x=3$ のみである。** $\boxed{②}_{ヘ}$

補足 $\begin{cases} y=f(x) \\ y=-75x+75 \end{cases}$ のグラフの共有点はただ1つでその x 座標は3である。

(3) やや難

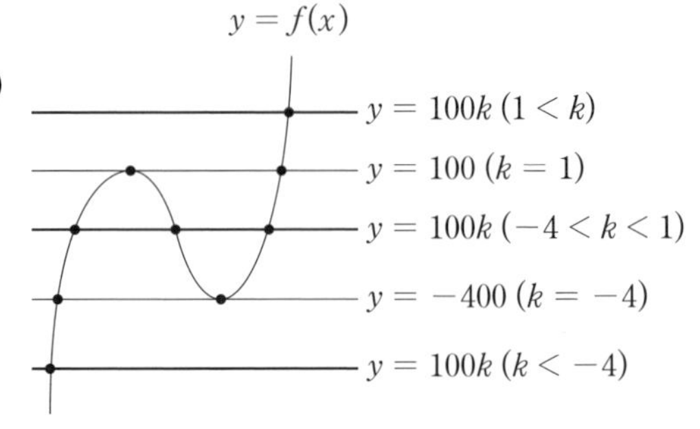

方程式　$f(x)-100k=0$

を変形して　$f(x)=100k$

方程式の実数の解は,

$$\begin{cases} y=f(x) \\ y=100k \end{cases}$$

の共有点の x 座標と同じである。

Ⓐ　方程式が異なる3つの実数の解をもつ条件は,

$-400<100k<100$　すなわち　$-4<k<1$

$k=0.99$　はこの条件を満たすから,①は正しい。

Ⓘ　方程式が異なるちょうど2つの実数の解をもつ条件は,

$100k=-400,\ 100$　すなわち　$k=-4,\ 1$

これより,②は正しい。

Ⓤ　方程式がただ1つの実数の解をもつ条件は,

$100k<-400,\ 100<100k$　すなわち　$k<-4,\ 1<k$

$k=1.01,\ k=\sqrt{2}$　はこの条件を満たす。

ただ1つの実数の解 s だけをもつと仮定すると,

$f(x)-100k=(x-s)^3$

x で微分して　$f'(x)=3(x-s)^2 \geqq 0$

これは $f(x)$ が極値をもつことに反する。

つまり,方程式が　$(x-s)^3=0$　とはならないので,ただ1つの実数の解だけをもつことはなく,③は正しくない。

方程式は,$(x-s)(x^2+px+q)=0$ （p, q は実数） のようになることから1つの実数の解と異なる2つの虚数の解をもつので,④は正しい。

Ⓐ,Ⓘ,Ⓤのいずれも少なくとも1つの実数の解をもつので,⓪は正しい。

以上のことから,正しくないことを述べているのは ③ホ

研　究

3次関数の決定と3次方程式の解

増減表から3次関数 $f(x)$ を決定する。また3次方程式について考察する。

(1)(i) 微分して $f(x)$ になる関数を $f(x)$ の原始関数という。つまり，$F'(x)=f(x)$ となる $F(x)$ を $f(x)$ の原始関数という。

本問では微分して $f'(x)$ になる関数の1つが $f(x)$ であるから，$f'(x)$ の原始関数の1つは $f(x)$ である。

ちなみに，関数 $f(x)$ を微分した関数 $f'(x)$ を $f(x)$ の**導関数**という。

増減表から，極大値 $f(\alpha)=100$，極小値 $f(\beta)=-400$

極値をもつ3次関数の極大値と極小値の差は，問題にあったように，

$$f(\alpha)-f(\beta)=\int_{\beta}^{\alpha}f'(x)dx$$

と定積分で表すことができる。

(ii) $f'(x)$ が因数分解できることから次の積分公式が使える。

積分公式（6分の1公式）

$$\int_{\alpha}^{\beta}(x-\alpha)(x-\beta)dx=-\frac{1}{6}(\beta-\alpha)^3$$

設問解説 では $\int_{\beta}^{\alpha}f'(x)dx=-\int_{\alpha}^{\beta}f'(x)dx$ と積分区間を入れかえている。

(iii) $\int_{\beta}^{\alpha}f'(x)dx$ を2通りで表したことから，$\beta-\alpha$ は求められる。

(2) $f'(8)=0$ より $\alpha=8$ または $\beta=8$ に絞られるが，
$f(\alpha)=100>0$，$f(\beta)=-400<0$ となることから，$\beta=8$ となる。

さらに(1)(iii)から，$\beta-\alpha=10$ なので，$\alpha=-2$ となる。

このことから，極大値 $f(-2)=100$，極小値 $f(8)=-400$
$f'(x)=3(x+2)(x-8)$ である。これより，$f(x)$ は求められる。

後半は接線の傾きが最小になる場合であるから，接点の x 座標を t として，$x=t$ における微分係数 $f'(t)$ が最小になることを考える。

図形的には，3次関数のグラフは点対称になるのだが，その対称の中心での接線の傾きが最も小さくなる。対称の中心は極大の点と極小の点の中点にもなる。

この接線と3次関数を連立してつくられる3次方程式は接点の x 座標をただ1つの実数の解（3重解）としてもつ。

(3) 方程式の解はまともに求めなくてもよい。いわゆる「定数は分離する」という変形をしてグラフから実数の解を考える。グラフで共有点が1つだけのときは，3次方程式は実数の解を1つもつが，虚数の解を2つもつ。

実数の解を1つだけもち，虚数の解をもたないのは，(2)の場合である。

第3問 数学B

確率分布・統計的推測 

着眼点

規則から X と Y の関係式をつくる。

(1) 表が出る確率が $\dfrac{1}{2}$ のコインを100回投げるときの確率を考える。

(2) 標本比率から母比率の推定をする。

(3) 母比率に対する信頼区間を考察する。

設問解説

点Pは最初原点にあるとして，1枚のコインを投げることを n 回繰り返すとき，表の出る回数を X とすると，裏が出た回数は $n-X$ である。点Pが規則により移動した座標を Y とし，表が出れば正の方向に2進み，裏が出れば負の方向に1進むことから，

$$Y=2\cdot X+(-1)\cdot(n-X)$$
$$=\boxed{3}_{ア}X-n$$

$X=k$ となる確率は ${}_nC_kp^k(1-p)^{n-k}$ $(k=0,\ 1,\ 2,\ \cdots,\ n)$

となるから，X は**二項分布 $B(n,\ p)$** に従う。 $\boxed{③}_{イ}$

(1) やや難

$n=100,\ p=\dfrac{1}{2}$ とすると $Y=3X-100$

X は二項分布 $B\left(100,\ \dfrac{1}{2}\right)$ に従うので，

$$E(X)=100\cdot\frac{1}{2}=\boxed{50}_{ウエ}$$

$$V(X)=100\cdot\frac{1}{2}\cdot\left(1-\frac{1}{2}\right)=\boxed{25}_{オカ}$$

$$E(Y)=E(3X-100)=3E(X)-100=3\cdot50-100=\boxed{50}_{キク}$$

$$V(Y)=V(3X-100)=3^2V(X)=9\cdot25=\boxed{225}_{ケコサ}$$

100は十分に大きいので X は正規分布 $N(50,\ 25)$ に従う。

また，Y は正規分布 $N(50,\ 225)$ に従う。

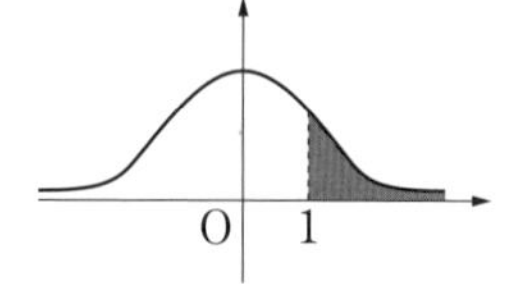

$Z=\dfrac{Y-50}{15}$ とおくと Z は標準正規分布 $N(0,\ 1)$ に従うので，

点Pの座標が65以上となる確率は，

$$P(Y \geqq 65)=P\left(\frac{Y-50}{15} \geqq \frac{65-50}{15}\right)$$
$$=P(Z \geqq 1)=0.5-P(0 \leqq Z \leqq 1)$$
$$=0.5-0.3413 \quad (\because 正規分布表)$$
$$=0.1587 \fallingdotseq \mathbf{0.159} \quad \boxed{②}_{シ}$$

$Z=\dfrac{X-50}{5}$ とおくと Z は標準正規分布 $N(0,\ 1)$ に従うので，確率が95％以下になるような X の範囲は，正規分布表より $P(0 \leqq Z \leqq 1.96)=0.4750$ であることと，正規分布曲線は $Z=0$ に関して対称であることから，

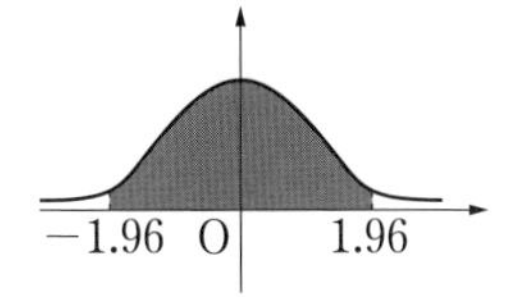

$$P(-1.96 \leqq Z \leqq 1.96)=2P(0 \leqq Z \leqq 1.96)=2 \times 0.4750=0.95$$

これより，確率が95％となるのは，$-1.96 \leqq Z \leqq 1.96$ であるから，

$$-1.96 \leqq \frac{X-50}{5} \leqq 1.96$$

すなわち　$40.2 \leqq X \leqq 59.8$

X は整数値であるから　$\boxed{\mathbf{41}}_{スセ} \leqq X \leqq \boxed{\mathbf{59}}_{ソタ}$　……①

補足　$P(41 \leqq X \leqq 59)<0.95$

$$P(40 \leqq X \leqq 60)=P(-2 \leqq Z \leqq 2)=2P(0 \leqq Z \leqq 2)$$
$$=2 \times 0.4772=0.9544>0.95$$

(2)　標準

コインKを100回投げると，原点にあった点Pが規則によって動いて，座標が -40 になったので，

$Y=-40$　として　$-40=3X-100$　すなわち　$X=\boxed{\mathbf{20}}_{チツ}$

標本比率は　$R=\dfrac{20}{100}=\dfrac{1}{5}=0.2$

p に対する信頼度95％の信頼区間は，標本の大きさが100で十分に大きいので，

$$0.2-1.96\sqrt{\frac{0.2 \cdot 0.8}{100}} \leqq p \leqq 0.2+1.96\sqrt{\frac{0.2 \cdot 0.8}{100}}$$

すなわち　$0.2-0.0784 \leqq p \leqq 0.2+0.0784$

よって　$\mathbf{0.1216} \leqq p \leqq \mathbf{0.2784}$

小数第4位を四捨五入して，$0.122 \leqq p \leqq 0.278$　$\boxed{⓪}_{テ}$，$\boxed{⑤}_{ト}$

(3) 標準

Rを標本比率，nを標本の大きさ，母比率pに対する信頼度95 %の信頼区間を　$A \leqq p \leqq B$　とすると，

$$A = R - 1.96\sqrt{\frac{R(1-R)}{n}},\ B = R + 1.96\sqrt{\frac{R(1-R)}{n}}$$

すなわち，信頼区間の幅は　$B - A = 2 \cdot 1.96\sqrt{\frac{R(1-R)}{n}}$

(i) Rを　$0 < R < 1$　となる定数とし，標本の大きさnを大きくすると，$\frac{R(1-R)}{n}$の分母のnが大きくなり，分子は正の定数であるから，0に近づいていく。

よって，$B - A$は**狭くなる。** ⓪ ナ

(ii) 標本の大きさnを一定値とし，Rを　$0 < R < 1$　の範囲で変化させると，

$$\frac{R(1-R)}{n} = \frac{1}{n}(-R^2 + R)$$
$$= -\frac{1}{n}\left(R - \frac{1}{2}\right)^2 + \frac{1}{4n}$$

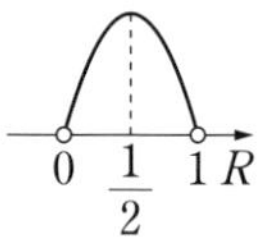

Rの2次関数とみると，$R = \frac{1}{2}$　のとき，$\frac{R(1-R)}{n}$は最大となり$B - A$は最大となる。

よって，$B - A$は　$R = \frac{1}{2}$ $(= \mathbf{0.5})$　のときに限り最大となる。① ニ

研　究

母比率と標本比率

表が出る確率が p のコインを投げて，規則によって数直線上を点Pが移動する。コインを100回投げるとき，表の出方，点Pの移動する座標を考える。

(1) **第1日程の 研　究**(p.38) にもあったように，二項分布 $B(n,\ p)$ の平均は np，分散は $np(1-p)$ をおさえておくこと。

Y の平均と分散は，関係式から公式を用いるとよい。

> **期待値・分散・標準偏差の変形**
>
> 確率変数 X の期待値（平均）を $E(X)$，分散を $V(X)$，標準偏差を $S(X)$ とする。a，b を定数，$a \neq 0$　として，
>
> 確率変数 $aX+b$ の期待値，分散，標準偏差は次のようになる。
>
> 1　$E(aX+b)=aE(X)+b$
>
> 2　$V(aX+b)=a^2V(X)$
>
> 3　$S(aX+b)=\sqrt{V(aX+b)}=\sqrt{a^2V(X)}=|a|S(X)$

あとは正規分布表から，確率を求める。

正規分布 $N(m,\ \sigma^2)$ は　$Z=\dfrac{X-m}{\sigma}$　とおくと，Z が標準正規分布 $N(0,\ 1)$ に従うので正規分布表が使える。

Y は平均50，標準偏差　$\sqrt{225}=15$　なので，$Y=65$　が平均から標準偏差15だけずれているため，$Z=1$　に対応している。

$Y \geqq 65$　である確率は約16％であった。

次に，平均　$E(X)=50$　を中心として確率が0.95以内におさまるような X を求める。

95％の確率は信頼区間を考えるときによく用いるので，値を丸暗記しているかもしれないが，正規分布表からわかる。

表と裏が出る確率が等しいコインだと，$41 \leqq X \leqq 59$　になる確率が95％より少しだけ小さくなる。$40 \leqq X \leqq 60$　となる確率は95％より少しだけ大きくなる。

X は平均50，標準偏差が5なので妥当な結果ではある。

(2) 標本比率から母比率 p の信頼度 95 %の信頼区間を求める。

母比率に対する信頼度 95 %の信頼区間

母比率 $\boldsymbol{p}$ の母集団から,
抽出された大きさ **$\boldsymbol{n}$ の無作為標本の標本比率 $\boldsymbol{R}$** を考える。
n が大きいとき,**母比率 $\boldsymbol{p}$** に対する**信頼度 95 %の信頼区間**は,

$$R-1.96\sqrt{\frac{R(1-R)}{n}} \leqq p \leqq R+1.96\sqrt{\frac{R(1-R)}{n}}$$

コイン K は表が出る確率がとても小さいコインだという設定である。標本比率が 0.2 なので,母比率も 0.2 に近いと予想されるが,計算して小数第 4 位を四捨五入すると,信頼度 95 %の信頼区間は,$0.122 \leqq p \leqq 0.278$　であった。これで表が出る確率が 30 %もなさそうなコインだと確認できる。

注意として,「母比率に対する信頼度 95 %の信頼区間」の意味は,標本から信頼区間をつくることを何度も繰り返すと,そのうち 95 %は母比率を含むということである。よく間違えるのが,母比率がこの信頼区間の中に入る確率が 95 %であるというものである。母比率は決まっているので,入るか入らないかは 100 %か 0 %しかない。

(3) 母比率に対する信頼度 95 %の信頼区間の幅は,$2\cdot 1.96\sqrt{\dfrac{R(1-R)}{n}}$ となり,標本比率 R と標本の大きさ n の 2 つで決まる。根号の中の $\dfrac{R(1-R)}{n}$ の値に着目すると,n を大きくすると値が小さくなるので幅が狭くなる。

また, R を変数とみると R の 2 次関数になり, グラフをイメージすると $\dfrac{R(1-R)}{n}$ が最大になる場合がわかる。そのとき幅も最大となる。**設問解説** では平方完成したが,因数分解できているので,$R=\dfrac{1}{2}$　で最大になることがすぐにわかる。

第4問 数学B

着眼点

(1) 食塩水の濃度を**漸化式**を用いて求める。

(2) (1)の条件をかえて食塩水の濃度を求める。

設問解説

(1) やや難

(i) 操作Aを1回行なったあと，容器Pの食塩水の濃度を求める。操作Aのあとの食塩の量は，容器Pから取り出さなかった250gの食塩水に含まれる食塩と容器Qから取り入れた50gの食塩水に含まれる食塩の合計であることに注意して，

$$\frac{250\times\frac{3}{100}+50\times\frac{15}{100}}{300}\times 100$$

$=\boxed{5}_{ア}$ (%)

[最初の状態]

	容器P	容器Q
食塩水	300g	300g
濃　度	3 %	15 %

[操作Aを1回行なったあと]

	容器P	容器Q
食塩水	300g	300g
濃　度	5 %	13 %

容器Qの食塩水の濃度は，同様にして，

$$\frac{250\times\frac{15}{100}+50\times\frac{3}{100}}{300}\times 100=\boxed{13}_{イウ}\ (\%)$$

操作Aを2回行なったあと，容器Pの食塩水の濃度は，

$$\frac{250\times\frac{5}{100}+50\times\frac{13}{100}}{300}\times 100=\frac{19}{3}\fallingdotseq\mathbf{6.3}\ (\%)\quad \boxed{①}_{エ}$$

(ii) 操作Aを n 回行なったあと，容器Pの食塩水の濃度を a_n %，容器Qの食塩水の濃度を b_n %とすると，$a_1=5$，$b_1=13$　である。

操作Aを $n+1$ 回行なったあとの容器Pにある食塩の量は，操作Aを n 回行なってから，取り出さなかった250gの食塩水に含まれる食塩と容器Qから取り入れた50gの食塩水に含まれる食塩の合計であるから，

$$a_{n+1} = \frac{250 \times \frac{a_n}{100} + 50 \times \frac{b_n}{100}}{300} \times 100 = \frac{\boxed{5}_{オ}}{\boxed{6}_{カ}} a_n + \frac{\boxed{1}_{キ}}{\boxed{6}_{ク}} b_n \quad \cdots\cdots①$$

[操作Aを n 回行なったあと]

	容器P	容器Q
食塩水	300g	300g
濃　度	a_n %	b_n %

(iii) 操作Aを n 回行なったあと，容器Pの食塩の量は食塩水の濃度が a_n %より，

$$300 \times \frac{a_n}{100} = \boxed{3}_{ケ} a_n \text{ (g)}$$

容器Qの食塩の量は食塩水の濃度が b_n %より，

$$300 \times \frac{b_n}{100} = 3b_n \text{ (g)}$$

最初容器Pには濃度3％の食塩水300g，容器Qには濃度15％の食塩水300gが入っているので，食塩の量の合計は，

$$300 \times \frac{3}{100} + 300 \times \frac{15}{100} = 9 + 45 = 54 \text{ (g)}$$

食塩の量の関係から　$3a_n + 3b_n = 54$

よって　$a_n + b_n = \boxed{18}_{コサ}$　……②

(iv) ②より　$b_n = 18 - a_n$

これを①へ代入して，

$$a_{n+1} = \frac{5}{6} a_n + \frac{1}{6}(18 - a_n) = \frac{\boxed{2}_{シ}}{\boxed{3}_{ス}} a_n + \boxed{3}_{セ}$$

変形して　$a_{n+1} - 9 = \frac{2}{3}(a_n - 9)$

数列 $\{a_n - 9\}$ は，第1項　$a_1 - 9 = 5 - 9 = -4$，公比 $\frac{2}{3}$ の等比数列であるから，

$$a_n - 9 = -4\left(\frac{2}{3}\right)^{n-1}$$

よって　$a_n = 9 - 4\left(\frac{2}{3}\right)^{n-1}$

$$= 9 - 6 \cdot \frac{2}{3}\left(\frac{2}{3}\right)^{n-1}$$

$$=\boxed{9}_{ソ}-\boxed{6}_{タ}\left(\frac{2}{3}\right)^n$$

別解 $a_0=3,\ b_0=15$ としても①，②は成り立つ。

数列 $\{a_n-9\}$ は，第 0 項 $a_0-9=3-9=-6$，公比 $\frac{2}{3}$ の等比数列であるから，

$$a_n-9=-6\left(\frac{2}{3}\right)^n$$

よって $a_n=\boxed{9}_{ソ}-\boxed{6}_{タ}\left(\frac{2}{3}\right)^n$

$\left(\frac{2}{3}\right)^n$ は n が大きくなると単調に減少し 0 に近づいていく。

これより，$a_n=9-6\left(\frac{2}{3}\right)^n$ は単調に増加し，9 に近づいていく。

$y=9-6\left(\frac{2}{3}\right)^x$ のグラフが右図のようになることからもわかる。

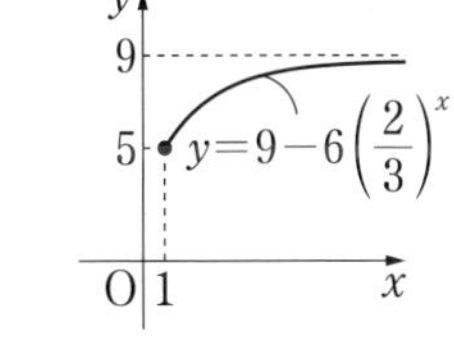

つまり，a_n は単調に増加し，9 以上にはならない。

よって，(I)，(II)はともに正しい。 $\boxed{⓪}_{チ}$

(2) **難**

操作 B は操作 A で 50g の取りかえを a g にした操作なので，(1)と同様に考えることができる。

操作 B を n 回行なったあと，容器 P の食塩水の濃度を c_n %とし，容器 Q の食塩水の濃度を d_n %とすると，②と同様に，

$$c_n+d_n=18$$

［操作 B を n 回行なったあと］

	容器 P	容器 Q
食塩水	300g	300g
濃　度	c_n %	d_n %

操作 B を 1 回行なったあと，容器 P の食塩水の濃度は，容器 P から取り出さなかった $(300-a)$ g の食塩水に含まれる食塩と容器 Q から取り入れた a g の食塩水に含まれる食塩の合計であることに注意して，

$$c_1=\frac{(300-a)\times\frac{3}{100}+a\times\frac{15}{100}}{300}\times 100=\boxed{3}_{ツ}+\frac{\boxed{a}_{テ}}{\boxed{25}_{トナ}}$$

操作 B を $(n+1)$ 回行なったあとの容器 P にある食塩の量は，操作 B を n 回行なってから，取り出さなかった $(300-a)$ g の食塩水に含まれる食塩と容器 Q から取り入れた a g の食塩水に含まれる食塩の合計

であるから，

$$c_{n+1}=\frac{(300-a)\times\frac{c_n}{100}+a\times\frac{d_n}{100}}{300}\times 100$$

$$=\frac{300-a}{300}c_n+\frac{a}{300}d_n$$

$$=\frac{300-a}{300}c_n+\frac{a}{300}(18-c_n)\quad(\because d_n=18-c_n)$$

$$=\left(1-\frac{\boxed{a}_{\text{ニ}}}{\boxed{150}_{\text{ヌネノ}}}\right)c_n+\frac{\boxed{3}_{\text{ハ}}}{\boxed{50}_{\text{ヒフ}}}a$$

変形して，

$$c_{n+1}-9=\left(1-\frac{a}{150}\right)(c_n-9)$$

数列$\{c_n-9\}$は，第１項　$c_1-9=3+\frac{a}{25}-9=-6+\frac{a}{25}$，公比 $1-\frac{a}{150}$ の等比数列であるから，

$$c_n-9=\left(-6+\frac{a}{25}\right)\left(1-\frac{a}{150}\right)^{n-1}$$

$$=-6\left(1-\frac{a}{150}\right)\left(1-\frac{a}{150}\right)^{n-1}$$

$$=-6\left(1-\frac{a}{150}\right)^n$$

よって　$c_n=\boxed{9}_{\text{ヘ}}-\boxed{6}_{\text{ホ}}\left(1-\frac{a}{150}\right)^n$

別解　$c_0=3$　として，数列$\{c_n-9\}$は，第０項　$c_0-9=3-9=-6$，公比 $1-\frac{a}{150}$ の等比数列であるから，

$$c_n-9=-6\left(1-\frac{a}{150}\right)^n$$

よって，$c_n=\boxed{9}_{\text{ヘ}}-\boxed{6}_{\text{ホ}}\left(1-\frac{a}{150}\right)^n$

研　究

食塩水の濃度と漸化式

食塩水の濃度を漸化式を利用して求める。食塩水の濃度の定義は問題文にも書いてあったが，次であった。

$$食塩水の濃度(\%)=\frac{食塩の量(\mathrm{g})}{食塩水の量(\mathrm{g})}\times 100$$

これを変形して，食塩の量を求める式も導ける。

$$食塩の量(\mathrm{g})=食塩水の量(\mathrm{g})\times\frac{食塩水の濃度(\%)}{100}$$

食塩水の濃度の問題は食塩の量に着目すると解きやすい。

(1)(i) 容器 P の食塩水の量は 300g と決まるので，塩の量に着目する。

残った食塩水 250g と取り入れた食塩水 50g の塩の量をみるとよい。塩の量がわかると濃度も求められる。

(ii) a_1，a_2 を求めて構造がつかめれば漸化式がつくれる。

$a_0=3$，$b_0=15$　とすると，

$$a_1=\frac{250\times\frac{a_0}{100}+50\times\frac{b_0}{100}}{300}\times 100$$

$$a_2=\frac{250\times\frac{a_1}{100}+50\times\frac{b_1}{100}}{300}\times 100$$

のようになる。

(iii) 本問では塩の量が変わらないので，濃度の和は，$a_n+b_n=18$　と n によらず一定値になる。

問題では塩の量を具体的に求めているが，(i)で　$a_1=5$，$b_1=13$　と求めているので，一定値とわかれば，$a_1+b_1=5+13=18$　と答えは出る。

(iv) b_n を a_n で表して a_n の漸化式をつくり，一般項を求める流れであった。

変形は次のようにできる。

$$a_{n+1}=\frac{2}{3}a_n+3$$

$$-)\quad \alpha=\frac{2}{3}\alpha+3 \qquad \Longleftrightarrow \quad \alpha=9$$

$$a_{n+1}-\alpha=\frac{2}{3}(a_n-\alpha)$$

別解 でも解説したが，最初の容器 P の濃度が 3％，容器 Q の濃度が 15％より，$a_0=3$，$b_0=15$　と第 0 項を設定して漸化式を変形することもできる。変形は次ページのようにできる。

等比数列の漸化式の等式変形

数列 $\{A_n\}$ の漸化式

$A_{n+1}=rA_n$ （r は n に無関係な定数） ただし $n=0,\ 1,\ 2,\ 3,\ \cdots$

について，これを繰り返して，

$$
\begin{aligned}
A_n &= rA_{n-1} & (n \geqq 1) \\
&= r^2A_{n-2} & (n \geqq 2) \\
&= r^3A_{n-3} & (n \geqq 3) \\
&\ \ \vdots \\
&= r^{n-3}A_3 & (n \geqq 3) \\
&= r^{n-2}A_2 & (n \geqq 2) \\
&= r^{n-1}A_1 & (n \geqq 1) \\
&= r^nA_0 & (n \geqq 0)
\end{aligned}
$$

$A_{n-1}=rA_{n-2}$

$A_{n-2}=rA_{n-3}$

$A_3=rA_2$

$A_2=rA_1$

$A_1=rA_0$

たしたら n

つまり $A_n=r^{\bigcirc}A_{\square}$ （$\bigcirc+\square=n$）

第 0 項 A_0 から第 n 項 A_n までは公比を n 回かけているから，公比の n 乗になり，

$A_n=r^nA_0$

最後は一般項の意味を考えてほしい出題であった。

ただこれは，直観的にも明らかで，濃度が 3 %と 15 %の食塩水の一部を取りかえるので，操作 A を繰り返すと 2 つの容器の濃度は，3 と 15 の平均の 9 %に近づいていく。

(2) 取りかえる水の量を a g として一般項を求める。文字 a が入って複雑にみえるが，(1)は $a=50$ の場合であるので，同じようにやるとよい。

数列 $\{c_n\}$ を考察する問題を追加問題として出しておく。

追加問題

$0<a<300$ とする。

数列 $\{c_n\}$ について，

$$c_n=9-6\left(1-\frac{a}{150}\right)^n$$

であったが，次の □ に数値あるいは数式を入れよ。

(1) つねに c_n が一定値となる a の値は □

(2) すべての自然数 n に対して $c_n<9$ となる a の値の範囲は □

(3) $c_n>9$ となる n が存在する a の値の範囲は □

《解答例》

(1)　つねにc_nが一定値となるのは　$1-\dfrac{a}{150}=0$　より $\boxed{a=150}$

このとき　$c_n=9$　となり，容器Pの食塩水の濃度はつねに9％となる。

(2)　$c_n<9$　となるのは　$6\left(1-\dfrac{a}{150}\right)^n>0$

これがすべての自然数nに対して成り立つので　$1-\dfrac{a}{150}>0$　より $\boxed{0<a<150}$

容器Pの食塩水の濃度はつねに9％未満となる。本問の(1)の場合であった。

(3)　$c_n>9$　となるのは　$\left(1-\dfrac{a}{150}\right)^n<0$

これはnが奇数かつ　$1-\dfrac{a}{150}<0$　で満たすので $\boxed{150<a<300}$

容器Pの食塩水の濃度は9％をこえることもある。

補足　300gの半分の150gより多い水の量を取りかえると，濃度は大きく変化する。

第5問　数学B

ベクトル 

着眼点

(1)　内分点の位置ベクトルを求め，内積の計算をする。
(2)　示された構想をヒントに問題Aを考える。
(3)　座標平面で成分による内積の計算をする。

設問解説

点Oを中心とする半径1の円Oに内接する正三角形ABCがある。

(1)　標準

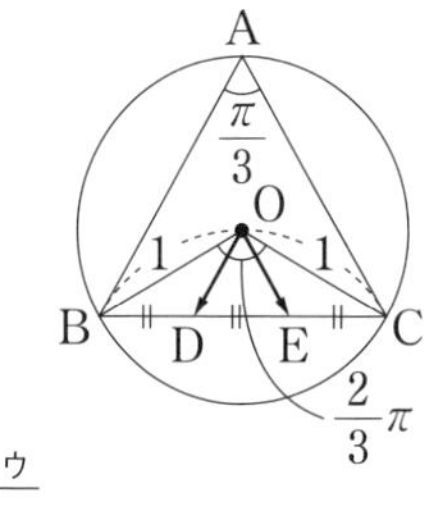

円Oの半径が1であるから，

$$|\overrightarrow{OA}|=|\overrightarrow{OB}|=|\overrightarrow{OC}|=\boxed{1}_{ア}$$

$$\angle AOB=\angle BOC=\angle COA=\frac{2}{3}\pi$$

よって　$\overrightarrow{OA}\cdot\overrightarrow{OB}=|\overrightarrow{OA}||\overrightarrow{OB}|\cos\frac{2}{3}\pi=\frac{\boxed{-1}_{イウ}}{\boxed{2}_{エ}}$

同様にして　$\overrightarrow{OB}\cdot\overrightarrow{OC}=\overrightarrow{OC}\cdot\overrightarrow{OA}=-\frac{1}{2}$

線分BCを1：2に内分する点をDとするので，

$$\overrightarrow{OD}=\frac{\boxed{2}_{オ}}{\boxed{3}_{カ}}\overrightarrow{OB}+\frac{\boxed{1}_{キ}}{3}\overrightarrow{OC}$$

線分BCを2：1に内分する点をEとするので，

$$\overrightarrow{OE}=\frac{1}{3}\overrightarrow{OB}+\frac{2}{3}\overrightarrow{OC}$$

よって　$\overrightarrow{OD}\cdot\overrightarrow{OE}=\left(\frac{2}{3}\overrightarrow{OB}+\frac{1}{3}\overrightarrow{OC}\right)\cdot\left(\frac{1}{3}\overrightarrow{OB}+\frac{2}{3}\overrightarrow{OC}\right)$

$$=\frac{2}{9}|\overrightarrow{OB}|^2+\frac{5}{9}\overrightarrow{OB}\cdot\overrightarrow{OC}+\frac{2}{9}|\overrightarrow{OC}|^2$$

$$=\frac{2}{9}\cdot1+\frac{5}{9}\cdot\left(-\frac{1}{2}\right)+\frac{2}{9}\cdot1$$

$$=\frac{\boxed{1}_{ク}}{\boxed{6}_{ケ}}$$

(2) やや難

$$AP^2 = |\overrightarrow{AP}|^2 = |\overrightarrow{OP} - \overrightarrow{OA}|^2 = |\overrightarrow{OP}|^2 - 2\overrightarrow{OP}\cdot\overrightarrow{OA} + |\overrightarrow{OA}|^2$$
$$= |\overrightarrow{OP}|^2 - 2\overrightarrow{OP}\cdot\overrightarrow{OA} + 1 \quad (\because |\overrightarrow{OA}| = 1)$$

同様にして,

$$BP^2 = |\overrightarrow{BP}|^2 = |\overrightarrow{OP} - \overrightarrow{OB}|^2 = |\overrightarrow{OP}|^2 - 2\overrightarrow{OP}\cdot\overrightarrow{OB} + |\overrightarrow{OB}|^2$$
$$= |\overrightarrow{OP}|^2 - 2\overrightarrow{OP}\cdot\overrightarrow{OB} + 1 \quad (\because |\overrightarrow{OB}| = 1)$$
$$CP^2 = |\overrightarrow{CP}|^2 = |\overrightarrow{OP} - \overrightarrow{OC}|^2 = |\overrightarrow{OP}|^2 - 2\overrightarrow{OP}\cdot\overrightarrow{OC} + |\overrightarrow{OC}|^2$$
$$= |\overrightarrow{OP}|^2 - 2\overrightarrow{OP}\cdot\overrightarrow{OC} + 1 \quad (\because |\overrightarrow{OC}| = 1)$$

これらをたして,

$$AP^2 + BP^2 + CP^2$$
$$= \boxed{3}_{コ} |\overrightarrow{OP}|^2 - \boxed{2}_{サ} \overrightarrow{OP}\cdot(\overrightarrow{OA} + \overrightarrow{OB} + \overrightarrow{OC}) + \boxed{3}_{シ}$$

(i) △ABC の重心が点 O であるから,

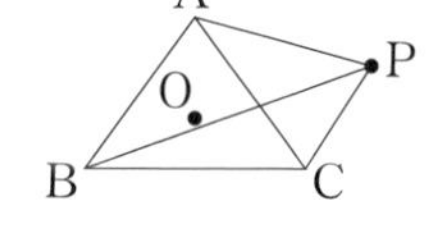

$$\overrightarrow{OO} = \frac{\overrightarrow{OA} + \overrightarrow{OB} + \overrightarrow{OC}}{3}$$

よって　$\overrightarrow{OA} + \overrightarrow{OB} + \overrightarrow{OC} = \vec{0}$　⑤ス

$\overrightarrow{OP}\cdot(\overrightarrow{OA} + \overrightarrow{OB} + \overrightarrow{OC}) = 0$　①セ

これより　$AP^2 + BP^2 + CP^2 = 3|\overrightarrow{OP}|^2 + 3$　……①

(ii) $AP^2 + BP^2 + CP^2$ が最小になるのは, $|\overrightarrow{OP}|$ が最小になることと同値である。

ここで, 点 P は △ABC の周または外部を動き, 点 O から最も近い点 P で $|\overrightarrow{OP}|$ は最小になる。

点 O から辺 BC へ垂線 OH を下ろすと, 点 H は線分 BC の中点で, $\angle OBH = \dfrac{\pi}{6}$　であるから,

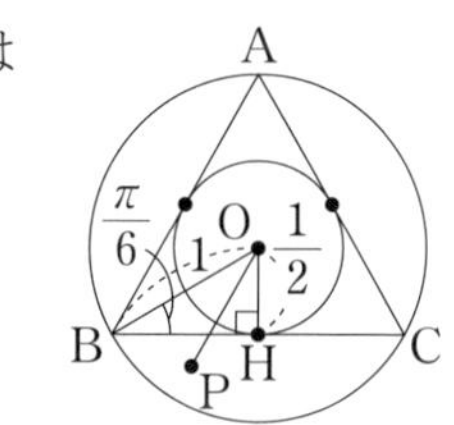

$$OH = OB\sin\frac{\pi}{6} = \frac{1}{2}$$

$OP \geqq OH$　つまり　$|\overrightarrow{OP}| \geqq \dfrac{1}{2}$

(等号が成り立つのは P = H)

正三角形の対称性から, 点 O から辺 CA, 辺 AB へ垂線 OH を下ろしても同様である。

これより, P = H　で $|\overrightarrow{OP}|$ は最小値 $\dfrac{1}{2}$ をとる。

ここで，点Hは△ABCの内接円の各辺との接点である。

よって，$AP^2+BP^2+CP^2$ の最小値は，①において $|\overrightarrow{OP}|=\frac{1}{2}$ の場合で，

$$3\cdot\left(\frac{1}{2}\right)^2+3=\frac{\boxed{15}_{\text{ソタ}}}{\boxed{4}_{\text{チ}}}$$

最小値をとる点Pの位置は，△ABCの内接円の各辺との接点である。 $\boxed{③}_{\text{ツ}}$

(3) 標準

点O(0, 0)として，

$$\overrightarrow{OA}=(1,\ 0),\ \overrightarrow{OB}=\left(-\frac{1}{2},\ \frac{\sqrt{3}}{2}\right),\ \overrightarrow{OC}=\left(-\frac{1}{2},\ -\frac{\sqrt{3}}{2}\right),$$

$$\overrightarrow{OQ}=(\cos\theta,\ \sin\theta)$$

となるので，

$$\overrightarrow{OQ}\cdot\overrightarrow{OA}=\cos\theta\cdot 1+\sin\theta\cdot 0=\boldsymbol{\cos\theta}\quad \boxed{⓪}_{\text{テ}}$$

$$\overrightarrow{OQ}\cdot\overrightarrow{OB}=-\frac{1}{2}\boldsymbol{\cos\theta}+\frac{\sqrt{3}}{2}\boldsymbol{\sin\theta}\quad \boxed{④}_{\text{ト}}$$

$$\overrightarrow{OQ}\cdot\overrightarrow{OC}=-\frac{1}{2}\boldsymbol{\cos\theta}-\frac{\sqrt{3}}{2}\boldsymbol{\sin\theta}\quad \boxed{⑤}_{\text{ナ}}$$

これより，

$$\begin{aligned}f(\theta)&=(\overrightarrow{OQ}\cdot\overrightarrow{OA})^2+(\overrightarrow{OQ}\cdot\overrightarrow{OB})^2+(\overrightarrow{OQ}\cdot\overrightarrow{OC})^2\\&=\cos^2\theta+\left(-\frac{1}{2}\cos\theta+\frac{\sqrt{3}}{2}\sin\theta\right)^2+\left(-\frac{1}{2}\cos\theta-\frac{\sqrt{3}}{2}\sin\theta\right)^2\\&=\frac{3}{2}(\cos^2\theta+\sin^2\theta)\\&=\frac{3}{2}\end{aligned}$$

よって，$f(\theta)$ は **θ の値によらず一定値である**から，

$$\boldsymbol{f(0)=f\left(\frac{\pi}{3}\right)=f\left(\frac{2}{3}\pi\right)}\quad \boxed{④}_{\text{ニ}}$$

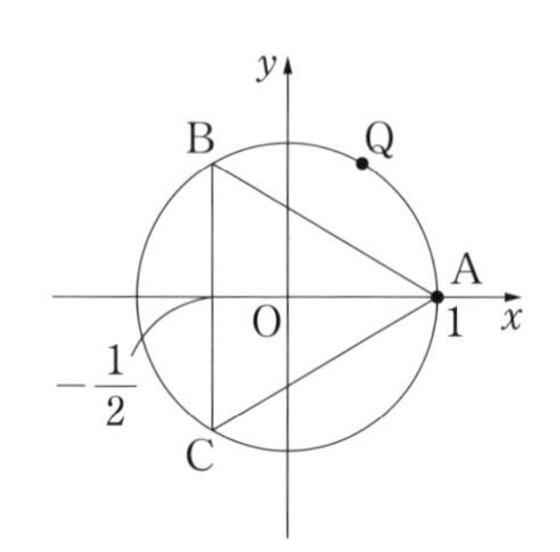

研　究

正三角形と内積

正三角形と内積，動点Pの位置に関する問題である。

(1)　大きさがわかる2つのベクトルの内積は，なす角の余弦（コサイン）がわかれば求められる。

正三角形の辺を3等分してからの内積は　$\overrightarrow{OD}\cdot\overrightarrow{OE}=|\overrightarrow{OD}||\overrightarrow{OE}|\cos(\angle DOE)$ として求められなくはないが，厳しい。内積の性質を使うとよい。

(2)　構想のように，長さの2乗はベクトルにして考えることができる。

0（ゼロ）と $\vec{0}$（ゼロベクトル）のちがいは大丈夫だろうか？

基本的に内積は実数だから0，ベクトルの関係式では $\vec{0}$ である。

最後は図形的にOPが最小のときを考えるとよい。点Oと点Pの距離が最小になる場合を考えると，点Oから△ABCの各辺に垂線を下ろした点だとわかる。その点は，△ABCの内接円の各辺との接点である。

(3)　座標平面で考える。

動点Q $(0\leqq\theta<2\pi)$ について，

- $0\leqq\theta\leqq\frac{2}{3}\pi$　ならば，点Qは劣弧AB上
- $\frac{2}{3}\pi\leqq\theta\leqq\frac{4}{3}\pi$　ならば，点Qは劣弧BC上
- $\frac{4}{3}\pi\leqq\theta<2\pi$　ならば，点Qは劣弧CA上

をそれぞれ動いている。

内積は成分がわかっているときは，なす角を考えなくても計算できる。

一般に，$\vec{a}=(a,\ b)$，$\vec{b}=(x,\ y)$　ならば，内積　$\vec{a}\cdot\vec{b}=ax+by$　である。

なお，(2)の点Pを円Oの周上に制限したものが点Qである。

求めた3つの内積をたすと，

$$\overrightarrow{OQ}\cdot\overrightarrow{OA}+\overrightarrow{OQ}\cdot\overrightarrow{OB}+\overrightarrow{OQ}\cdot\overrightarrow{OC}$$
$$=\cos\theta-\frac{1}{2}\cos\theta+\frac{\sqrt{3}}{2}\sin\theta-\frac{1}{2}\cos\theta-\frac{\sqrt{3}}{2}\sin\theta$$
$$=0$$

となるが，これは，

$$\overrightarrow{OQ}\cdot\overrightarrow{OA}+\overrightarrow{OQ}\cdot\overrightarrow{OB}+\overrightarrow{OQ}\cdot\overrightarrow{OC}$$
$$=\overrightarrow{OQ}\cdot(\overrightarrow{OA}+\overrightarrow{OB}+\overrightarrow{OC})$$
$$=0$$

であるから，(2)(i)でも求めている。

$f(\theta)$ は3つの内積の2乗の和であるが，θ によらない一定値となる。

最後に追加問題を出しておく。

追加問題

半径1の円Oに正三角形ABCが内接している。このとき，円Oの周上の任意の点Qに対して $AQ^4 + BQ^4 + CQ^4$ は一定値になる。その値は［　　］である。

《解答例》

$$AQ^2 = |\overrightarrow{AQ}|^2 = |\overrightarrow{OQ} - \overrightarrow{OA}|^2 = |\overrightarrow{OQ}|^2 - 2\overrightarrow{OQ}\cdot\overrightarrow{OA} + |\overrightarrow{OA}|^2$$

$$= 2 - 2\overrightarrow{OQ}\cdot\overrightarrow{OA} \quad (\because |\overrightarrow{OQ}| = 1,\ |\overrightarrow{OA}| = 1)$$

同様にして，

$$BQ^2 = 2 - 2\overrightarrow{OQ}\cdot\overrightarrow{OB}$$

$$CQ^2 = 2 - 2\overrightarrow{OQ}\cdot\overrightarrow{OC}$$

よって，

$$AQ^4 + BQ^4 + CQ^4$$

$$= (AQ^2)^2 + (BQ^2)^2 + (CQ^2)^2$$

$$= (2 - 2\overrightarrow{OQ}\cdot\overrightarrow{OA})^2 + (2 - 2\overrightarrow{OQ}\cdot\overrightarrow{OB})^2 + (2 - 2\overrightarrow{OQ}\cdot\overrightarrow{OC})^2$$

$$= 12 - 8\overrightarrow{OQ}\cdot(\overrightarrow{OA} + \overrightarrow{OB} + \overrightarrow{OC}) + 4\left\{(\overrightarrow{OQ}\cdot\overrightarrow{OA})^2 + (\overrightarrow{OQ}\cdot\overrightarrow{OB})^2 + (\overrightarrow{OQ}\cdot\overrightarrow{OC})^2\right\}$$

$$= 12 - 0 + 4\cdot\frac{3}{2} \quad (\because (2)(\text{i}),\ (3))$$

$$= \boxed{18}$$

予想問題
第3回
解答・解説

100点／60分

予想問題・第3回　解　　答

問題番号(配点)	解答記号	正　解	配点
第1問 (30)	ア	②	1
	イ, ウ	⓪, ①	2
	エ, オ	⑤, ④	2
	カ	3	1
	$\frac{\text{キク}}{\text{ケ}}$	$\frac{-3}{2}$	2
	$\frac{\pi}{\text{コ}}$	$\frac{\pi}{6}$	2
	サ	①	2
	シ	⓪	2
	ス, セ, ソ	5, 4, ⑤	3
	タ	②	3
	チ	②	2
	ツ	④	4
	テ	②	4
第2問 (30)	$\frac{\text{ア}}{\text{イ}}a$	$\frac{3}{2}a$	1
	ウ, エ, オ	②, ②, ⓪	2
	カ	⓪	4
	キ	③	1
	ク	⑤	1
	$\sqrt{\text{ケ}a^2+\text{コサ}b}$	$\sqrt{9a^2+12b}$	2
	シ	③	3
	ス	0	1
	セ	3	1
	ソ	④	2
	タ	⑨	2
	$\frac{\text{チツテ}}{\text{トナ}}$	$\frac{343}{72}$	4
	ニ	①	3
	$\frac{\text{ヌ}\sqrt{\text{ネ}}}{\text{ノ}}$	$\frac{8\sqrt{3}}{3}$	3

問題番号(配点)	解答記号	正　解	配点
第3問 (20)	(アイ, ウエ^2)	(56, 16^2)	1
	オ, カ	0, 1	2
	キ	③	2
	ク	①	2
	ケコ, サシ	50, 10	2
	0. スセソ	0.625	2
	タ, チ	①, ④	3
	ツ	④	2
	テ, ト	⓪, ③ (解答の順序は問わない)	4 (各2)
第4問 (20)	アn＋イ	$2n+2$	2
	ウn＋エ	$4n+6$	1
	オ	2	1
	カ	0	1
	キ	②	2
	ク	a	1
	ケ	0	1
	$\left(a-\frac{\text{コ}}{2}\right)\cdot(\text{サシ})^{n-1}+\frac{\text{コ}}{2}$	$\left(a-\frac{c}{2}\right)\cdot(-1)^{n-1}+\frac{c}{2}$	3
	$\frac{\text{ス}n+\text{セ}}{n(n+1)}$	$\frac{2n+1}{n(n+1)}$	2
	ソ	①	2
	$\text{タ}\cdot(\text{チツ})^{n-1}+\frac{\text{テ}}{n}$	$3\cdot(-1)^{n-1}+\frac{1}{n}$	2
	ト	②	2
第5問 (20)	ア	②	2
	イ	1	2
	$\sqrt{\text{ウエ}}$	$\sqrt{11}$	2
	オ	2	2
	$\frac{\text{カ}}{\text{キ}}\sqrt{\text{クケ}}$	$\frac{2}{3}\sqrt{11}$	2
	$\frac{\text{コ}}{\text{サ}}\overrightarrow{\mathrm{OA}}+\frac{\text{シ}}{\text{ス}}\overrightarrow{\mathrm{OC}}$	$\frac{1}{7}\overrightarrow{\mathrm{OA}}+\frac{6}{7}\overrightarrow{\mathrm{OC}}$	2
	$\frac{\text{セ}}{\text{ソ}}\overrightarrow{\mathrm{OC}}$	$\frac{3}{2}\overrightarrow{\mathrm{OC}}$	2
	$\frac{\text{タ}}{\text{チ}}V, \frac{\text{ツ}}{\text{テ}}V$	$\frac{1}{2}V, \frac{3}{2}V$	2
	$\frac{\text{ト}}{\text{ナ}}K, \frac{\text{ニ}}{\text{ヌネ}}U$	$\frac{1}{4}K, \frac{1}{14}U$	2
	$\frac{\text{ノハ}}{\text{ヒフ}}\sqrt{11}$	$\frac{19}{84}\sqrt{11}$	2

(注)
第1問，第2問は必答。第3問～第5問のうちから2問選択。計4問を解答。

第1問　数学Ⅱ

1　三角関数　標準

着眼点

(1)　動径が表す図形を答える。
(2)　円上の点の座標を求める。
(3)　おうぎ形の弧の長さと面積の大小関係を調べる。
(4)　線分 PQ の長さの 2 乗を θ の関数とみる。

設問解説

(1)　易

動径が表す図形は**半直線**　$\boxed{②}_{ア}$

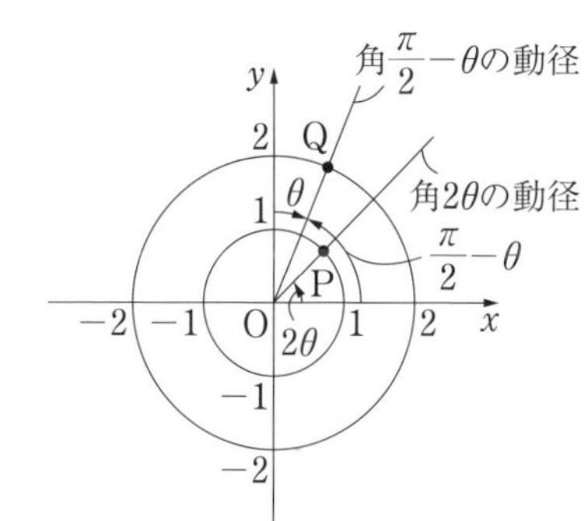

(2)　やや易

点 P**($\cos 2\theta$, $\sin 2\theta$)**　$\boxed{⓪}_{イ}$，$\boxed{①}_{ウ}$

点 Q の座標は，

$$\left(2\cos\left(\frac{\pi}{2}-\theta\right),\ 2\sin\left(\frac{\pi}{2}-\theta\right)\right)$$

よって，点 Q**($2\sin\theta$, $2\cos\theta$)**　$\boxed{⑤}_{エ}$，$\boxed{④}_{オ}$

点 P の x 座標と点 Q の y 座標の和を $g(\theta)$ とすると，

$$\begin{aligned} g(\theta) &= \cos 2\theta + 2\cos\theta \\ &= 2\cos^2\theta + 2\cos\theta - 1 \quad (\because \cos 2\theta = 2\cos^2\theta - 1) \\ &= 2\left(\cos\theta + \frac{1}{2}\right)^2 - \frac{3}{2} \end{aligned}$$

$-1 \leqq \cos\theta \leqq 1$　であるから，

$\cos\theta = 1$　のとき，最大値 $\boxed{3}_{カ}$

$\cos\theta = -\frac{1}{2}$　のとき，最小値 $\dfrac{\boxed{-3}_{キク}}{\boxed{2}_{ケ}}$

$\cos\theta=1$
$\cos\theta=-1$
$\cos\theta=-\frac{1}{2}$

(3)

$\theta \geqq 0$　において，3 点 O，P，Q が一直線上に並ぶような最小の θ は，

$2\theta = \frac{\pi}{2} - \theta$　より　$\theta = \dfrac{\pi}{\boxed{6}_{コ}}$

θが　$0 \leqq \theta \leqq \dfrac{\pi}{6}$　の範囲を動くとき，

点Pは中心角$\dfrac{\pi}{3}$，半径1の弧を描き，点Qは中心角$\dfrac{\pi}{6}$，半径2の弧を描くので，

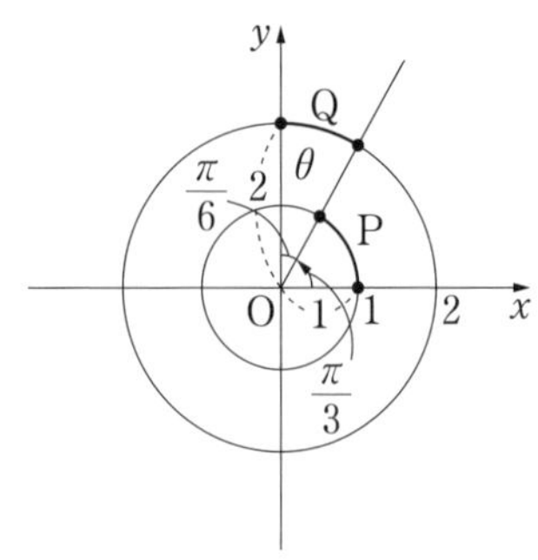

$$L_1 = 1 \cdot \frac{\pi}{3} = \frac{\pi}{3}$$

$$L_2 = 2 \cdot \frac{\pi}{6} = \frac{\pi}{3}$$

よって　$\boldsymbol{L_1 = L_2}$　①サ

$$S_1 = \frac{1}{2} \cdot 1 \cdot \frac{\pi}{3} = \frac{\pi}{6}$$

$$S_2 = \frac{1}{2} \cdot 2 \cdot \frac{\pi}{3} = \frac{\pi}{3}$$

よって，$\boldsymbol{S_1 < S_2}$　⓪シ

(4)　やや難

$$\begin{aligned} PQ^2 &= (\cos 2\theta - 2\sin\theta)^2 + (\sin 2\theta - 2\cos\theta)^2 \\ &= \cos^2 2\theta + \sin^2 2\theta + 4(\sin^2\theta + \cos^2\theta) \\ &\qquad\qquad -4(\sin 2\theta\cos\theta + \cos 2\theta\sin\theta) \\ &= 1 + 4 \cdot 1 - 4\sin(2\theta + \theta) \quad (\because \text{加法定理}) \\ &= \boxed{5}_{ス} - \boxed{4}_{セ}\sin 3\theta \quad ⑤ソ \end{aligned}$$

$y = f(\theta) = 5 - 4\sin 3\theta$　$(0 \leqq \theta \leqq \pi)$　のグラフを1つ選ぶ。

$y = 4\sin 3\theta = 4\sin\left(\dfrac{\theta}{\frac{1}{3}}\right)$　のグラフは，$y = \sin\theta$　のグラフをθ軸方向に$\dfrac{1}{3}$倍，y軸方向に4倍したグラフである。（下左図）

$y = f(\theta)$　のグラフは，$y = 4\sin 3\theta$　のグラフをθ軸対称すると$y = -4\sin 3\theta$　（下右図）

これをy軸方向に5だけ平行移動したグラフより　②タ

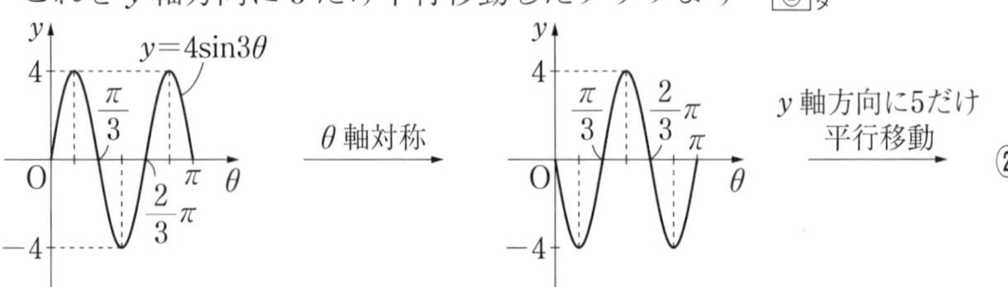

研　究

座標平面と動径と円

座標平面での**三角関数**に関する問題。基本事項の積み重ねでできる。

(1)　動径は半直線である。一般角（負の角や 2π よりも大きい角まで広げた角）を考えるときは，この動径で定義する。あやしい人は教科書で確認しておくこと。

始線と動径

平面上で，
点Oを中心として半直線OPを回転させるとき，この半直線を**動径**（どうけい）という。
動径の始めの位置を示す半直線を**始線**（しせん）という。

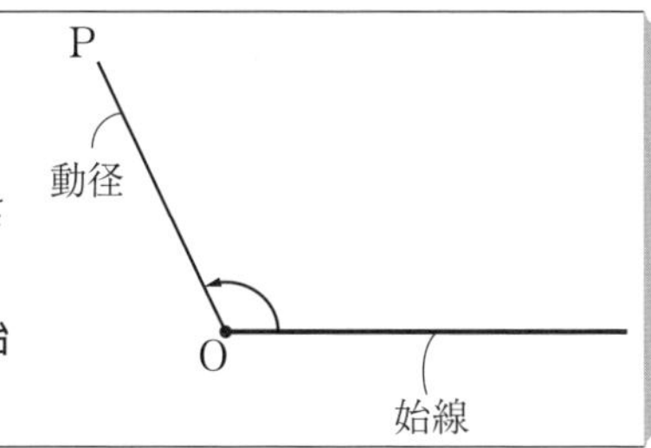

一般角と動径

始線から角 θ だけ回転した位置にある動径を

角 θ の動径

という。

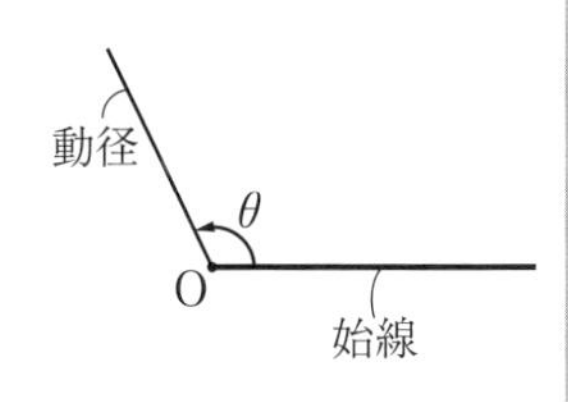

(2)　一般角での三角比を確認しておこう。

一般角での三角比

座標平面上で，
原点Oを中心とする半径1の円（単位円）と x 軸の正の部分を始線とする角 θ の動径の交点をPとすると

$$\mathrm{P}(\cos\theta,\ \sin\theta)$$

となる。
さらに，
点A(1, 0)における円の接線と直線OPの交点をTとして，

1　**直線OPの傾きは $\tan\theta$**

2　**$\mathrm{T}(1,\ \tan\theta)$**

である。

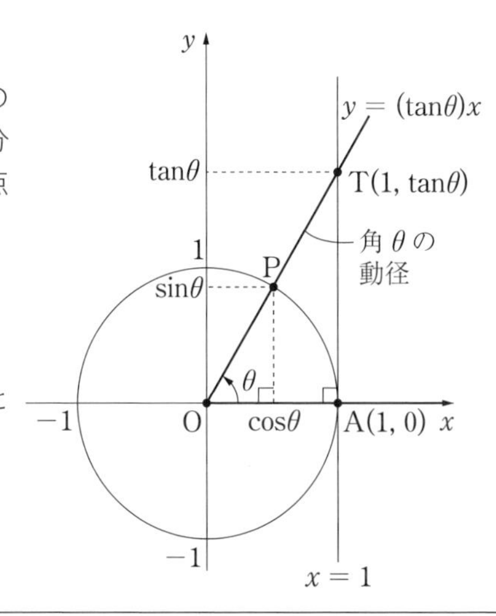

円 C_1，C_2 はいずれも中心が原点 O で半径が 1，2 であることに注意して点 P，Q を求める。

$\cos\left(\dfrac{\pi}{2}-\theta\right)=\sin\theta$，$\sin\left(\dfrac{\pi}{2}-\theta\right)=\cos\theta$　の変形も利用する。

半径が 2 の円周上の点は，半径が 1 の円周上の点を原点を中心に 2 倍するだけなので，係数に 2 がつく。

後半の $g(\theta)$ は 2 倍角の公式　$\cos 2\theta=2\cos^2\theta-1$　を利用して，$\cos\theta$ だけで表すとよい。$\cos\theta$ の 2 次関数なので平方完成してグラフをイメージすれば，最大値，最小値は求められる。$-1\leqq\cos\theta\leqq 1$　の範囲も忘れないこと。

(3)　弧度法でのおうぎ形の弧の長さと面積を確認しておこう。

弧度法でのおうぎ形の弧の長さと面積

半径 r，中心角 θ（rad）のおうぎ形について

1　弧の長さを L とすると，

$$L=r\theta$$

2　面積を S とすると，

$$S=\frac{1}{2}r^2\theta \quad \text{または} \quad S=\frac{1}{2}rL$$

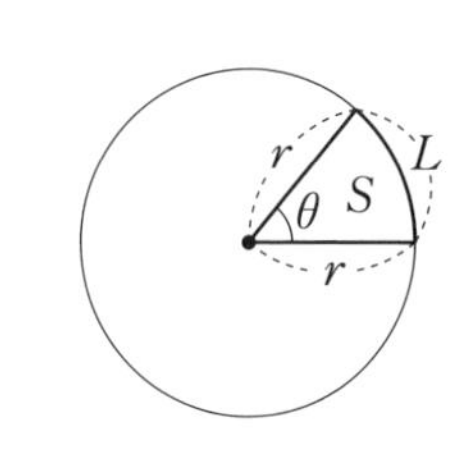

考え方　1　弧の長さが中心角に比例するので，$L=2\pi r\times\dfrac{\theta}{2\pi}=r\theta$

2　$S=\pi r^2\times\dfrac{\theta}{2\pi}=\dfrac{1}{2}r^2\theta=\dfrac{1}{2}r\cdot r\theta=\dfrac{1}{2}rL$

θ が　$0\leqq\theta\leqq\dfrac{\pi}{6}$　を動くときのおうぎ形について，

$\theta=0$　のとき，P$(1,\ 0)$，Q$(0,\ 2)$，$\theta=\dfrac{\pi}{6}$　のとき，P$\left(\dfrac{1}{2},\ \dfrac{\sqrt{3}}{2}\right)$，点 Q$(1,\ \sqrt{3})$

これらがおうぎ形の弧の端点になる。

弧の長さは，中心角が弧度法で表されるならば，(半径)×(中心角) である。

ちなみに，半径が 1 ならば，(中心角)＝(弧の長さ)　である。

おうぎ形の面積は $\dfrac{1}{2}$×(半径)×(弧の長さ) であるから，弧の長さが同じならば半径が大きいほうが面積が大きい。

本問でも　$L_1=L_2$　であるから　$S_1<S_2$　であった。

(4)　線分 PQ の長さは 2 点間の距離の公式から求めるが，加法定理

$$\sin\alpha\cos\beta+\cos\alpha\sin\beta=\sin(\alpha+\beta)$$

を利用する。

最後のグラフは　$y=4\sin 3\theta$　のグラフを基本にすればわかる。

グラフからもわかるが，$1\leqq \mathrm{PQ}^2\leqq 9$　なので，$1\leqq \mathrm{PQ}\leqq 3$　である。

等号が成り立つのは，3 点 O，P，Q が同一直線上にあるときである。

2 指数・対数関数　やや難

着眼点

(1) 等級と明るさの増減をみる。

(2) 2等星の北極星と7等星の明るさをみる。

(3) 北極星の16倍の明るさをもつ星の等級を求める。

設問解説

a 等星の明るさを $L(a)$, b 等星の明るさを $L(b)$ とすると,

$$0.4(a-b)=\log_{10}L(b)-\log_{10}L(a) \quad \cdots\cdots ☆$$

(1) やや易

$a<b$ ならば $a-b<0$ であるから☆より,

$\log_{10}L(b)-\log_{10}L(a)<0$ である。

すなわち $\log_{10}L(a)>\log_{10}L(b)$

よって, 底が10より $L(a)>L(b)$ ②チ

(等級が小さいほど明るい)

(2) やや難

2等星と7等星の明るさをみるから, ☆で $a=7$, $b=2$ として,

$$0.4(7-2)=\log_{10}L(2)-\log_{10}L(7)$$

これより $\log_{10}\dfrac{L(2)}{L(7)}=2$

すなわち $\dfrac{L(2)}{L(7)}=10^2$

よって, 2等星の北極星は7等星の明るさの 10^2 倍の明るさになる。

④ツ

(3) 難

2等星の16倍の明るさをもつ星がb等星とすると，

$$\frac{L(b)}{L(2)}=2^4 \quad \cdots\cdots①$$

であるから☆で，$a=2$ として，

$$\begin{aligned}0.4(2-b)&=\log_{10}L(b)-\log_{10}L(2)\\&=\log_{10}\frac{L(b)}{L(2)}\\&=\log_{10}2^4 \quad (\because ①)\\&=4\log_{10}2\end{aligned}$$

すなわち，

$$\begin{aligned}2-b&=10\log_{10}2\\&=10\times0.3010\\&=3.010\end{aligned}$$

これより　$b=-1.01$

よって，北極星の16倍の明るさをもつ星は**−1.01**等星となる。 ②テ

研　究

星の等級

地学ではなく数学の問題。**指数・対数関数**の問題である。

(1)　$a<b$　ならば　$L(a)>L(b)$　となるので，等級が小さいと明るいということがわかる。

(2)　☆を変形すると　$\dfrac{L(b)}{L(a)}=10^{0.4(a-b)}$　となるので，この式から考えてもよい。

$a-b=5$　とすると　$\dfrac{L(b)}{L(a)}=10^2$　であるから，等級が5だけ小さくなると，明るさが100倍となることがわかる。

なお，等級が1だけ小さくなると　$a-b=1$　より，

$$\frac{L(b)}{L(a)}=10^{0.4}=10^{\frac{2}{5}}$$
$$=(10^2)^{\frac{1}{5}}=100^{\frac{1}{5}}$$

であるから，明るさは $100^{\frac{1}{5}}$ ($\fallingdotseq 2.51$) 倍される。

(3)　明るさの倍率がわかるので，等級が求められるが，じつは等級が負になることもある。

やっていることは**予想問題第２回** 第1問 [1] の地震の問題とほぼ同じであり，指数法則・対数法則を用いるだけである。

等級について補足しておくと，紀元前のギリシャの天文学者が夜空で最も明るい星たちを「1等星」，肉眼で見えるギリギリの星たちを「6等星」と名付けている。

現在では，星の明るさは精密に測れるようになり，暗い星は，7等星，8等星，…とし，明るい星には(3)でみたように，マイナスの等級がつけられている。

なお，(3)の答えの -1.01 等星となる星は発見されておらず，発見されているもので近い等級のものは，おおいぬ座のシリウスの -1.46 等星，りゅうこつ座のカノープスの -0.74 等星である。また，北極星を2等星としたが，これはこぐま座のポラリスで正確には2.02等星である。

第2問 数学Ⅱ

微分・積分　標準

着眼点

(1)　2次方程式の解の配置から a，b の満たす条件を求め図示する。
(2)　2次方程式の解と係数の関係を考える。
(3)　放物線と直線で囲まれた3つの図形の面積の和 S を考える。
(4)　a と b の値を与えて，放物線と直線で囲まれた3つの図形の面積の和を求める。
(5)　a を動かして，上記の3つの図形の面積の和の大小関係，最小値を求める。

設問解説

(1)　標準

$$\begin{cases} y=\dfrac{1}{3}x^2 \\ y=ax+b \end{cases}$$

を連立して　$x^2-3ax-3b=0$　……(＊)

$$g(x)=x^2-3ax-3b$$
$$=\left(x-\frac{3}{2}a\right)^2-\frac{9}{4}a^2-3b$$

$y=g(x)$　のグラフの軸の方程式は　$x=\dfrac{\boxed{3}_{ア}}{\boxed{2}_{イ}}a$

$y=g(x)$　のグラフが　$-3<x<3$　の範囲で x 軸と異なる2つの共有点をもつ条件を求める。

$g(-3)>0$　$\boxed{②}_{ウ}$ であるから，$9+9a-3b>0$

すなわち　$b<3a+3$　……①

$g(3)>0$　$\boxed{②}_{エ}$ であるから，

$9-9a-3b>0$

すなわち　$b<-3a+3$　……②

$g\left(\dfrac{3}{2}a\right)<0$　$\boxed{⓪}_{オ}$ であるから，

$$-\frac{9}{4}a^2-3b<0$$

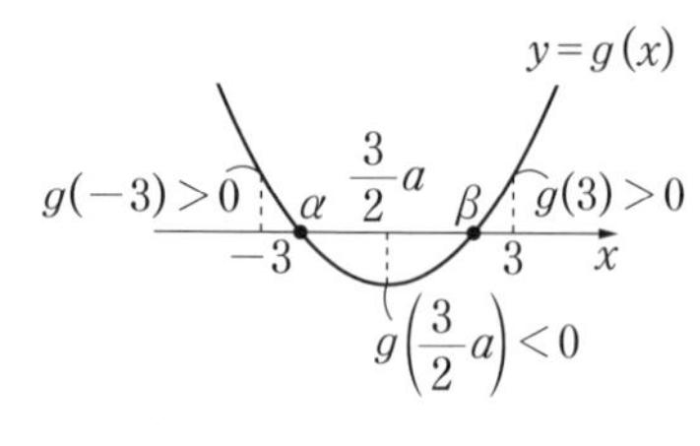

すなわち　$b > -\dfrac{3}{4}a^2$　……③

　軸が　$-3 < x < 3$　に位置するから，

$$-3 < \frac{3}{2}a < 3$$

すなわち　$-2 < a < 2$　……④

　①，②，③，④より図示すると右図の斜線部（境界線は含まず）。 ⓪カ

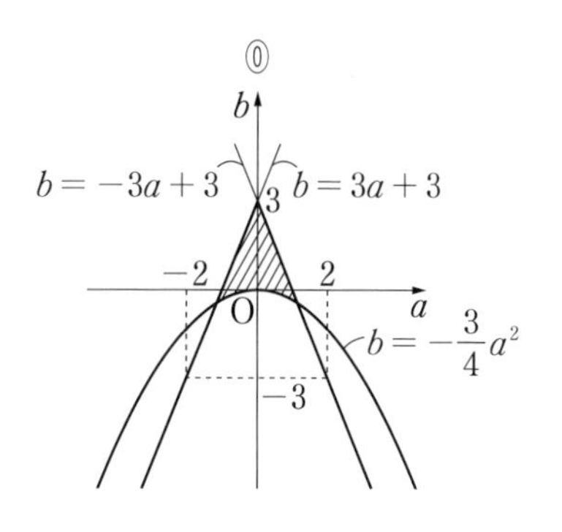

(2) 標準

　$(*)$の解がα，βより解と係数の関係から，

$$\begin{cases}\alpha+\beta=\mathbf{3a}\\ \alpha\beta=\mathbf{-3b}\end{cases}$$ ③キ，⑤ク

$(\beta-\alpha)^2=(\alpha+\beta)^2-4\alpha\beta=9a^2+12b$

ここで③から，$9a^2+12b>0$

$\beta-\alpha>0$　より　$\beta-\alpha=\sqrt{\boxed{9}_{ケ}a^2+\boxed{12}_{コサ}b}$

別解　$(*)$で解の公式を用いて　$x=\dfrac{3a\pm\sqrt{9a^2+12b}}{2}$

　これより　$\alpha=\dfrac{3a-\sqrt{9a^2+12b}}{2}$，$\beta=\dfrac{3a+\sqrt{9a^2+12b}}{2}$

　よって　$\beta-\alpha=\sqrt{\boxed{9}_{ケ}a^2+\boxed{12}_{コサ}b}$

(3) やや難

(i)　$f(x)=\dfrac{1}{3}x^2-(ax+b)$　として，

$$S=\int_{-3}^{\alpha}f(x)dx+\int_{\alpha}^{\beta}\{-f(x)\}dx+\int_{\beta}^{3}f(x)dx$$

$$=\int_{-3}^{\alpha}f(x)dx+\int_{\alpha}^{\beta}\{f(x)\}dx+\int_{\beta}^{3}f(x)dx-2\int_{\alpha}^{\beta}\{f(x)\}dx$$

$$=\int_{-3}^{3}\boldsymbol{f(x)dx}-2\int_{\alpha}^{\beta}\boldsymbol{f(x)dx}$$ ③シ

(ⅱ) $f(\alpha)=\boxed{0}_{ス}$, $f(\beta)=0$ と $f(x)$ の x^2 の係数は $\dfrac{1}{3}$ であることより，$f(x)=\dfrac{1}{\boxed{3}_{セ}}(x-\alpha)(x-\beta)$

$$\int_{-3}^{3}f(x)dx=\frac{1}{3}\int_{-3}^{3}(x-\alpha)(x-\beta)dx$$
$$=\frac{1}{3}\int_{-3}^{3}\{x^2-(\alpha+\beta)x+\alpha\beta\}dx$$
$$=\frac{2}{3}\int_{0}^{3}(x^2+\alpha\beta)dx$$
$$=\frac{2}{3}\left[\frac{x^3}{3}+\alpha\beta x\right]_0^3=\frac{2}{3}(9+3\alpha\beta)$$
$$=6+\boldsymbol{2\alpha\beta}\quad \boxed{④}_{ソ}$$

$$\int_{\alpha}^{\beta}f(x)dx=\frac{1}{3}\int_{\alpha}^{\beta}(x-\alpha)(x-\beta)dx=-\frac{1}{3}\cdot\frac{1}{6}(\beta-\alpha)^3$$
$$=-\boldsymbol{\frac{1}{18}(\beta-\alpha)^3}\quad \boxed{⑨}_{タ}$$

(ⅰ), (ⅱ)より　$S=6+2\alpha\beta+\dfrac{1}{9}(\beta-\alpha)^3$

(2)より　$S=6-6b+\dfrac{1}{9}\left(\sqrt{9a^2+12b}\right)^3$　……☆

(4) 標準

放物線　$y=\dfrac{1}{3}x^2$　と直線　$y=\dfrac{1}{6}x+1$　および2直線　$x=-3$, $x=3$　で囲まれる3つの図形の面積の和は☆で，$a=\dfrac{1}{6}$, $b=1$　とすることから,

$$S=\frac{1}{9}\left(\sqrt{\frac{49}{4}}\right)^3=\boxed{\frac{\mathbf{343}}{\mathbf{72}}}_{チツテ,\ トナ}$$

補足 $\begin{cases} y=\dfrac{1}{3}x^2 \\ y=\dfrac{1}{6}x+1 \end{cases}$

を連立して　$\dfrac{1}{3}x^2=\dfrac{1}{6}x+1$

すなわち　$2x^2-x-6=0$

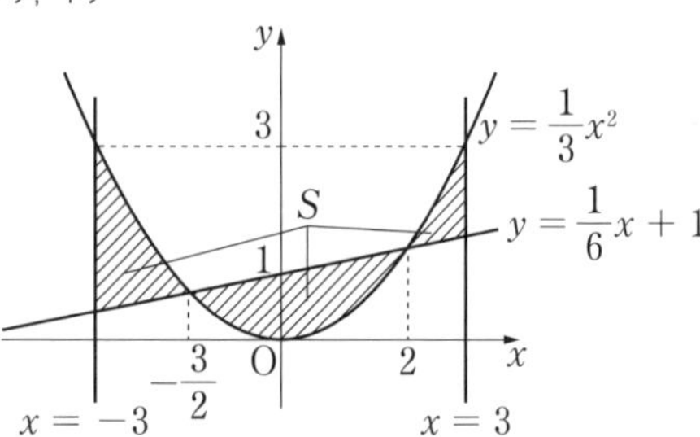

左辺を因数分解して，

$$(2x+3)(x-2)=0 \quad \therefore \quad x=-\frac{3}{2},\ 2$$

これより　$\alpha=-\frac{3}{2},\ \beta=2$

このとき　$\alpha\beta=-3,\ \beta-\alpha=\frac{7}{2}$

(5) やや難

放物線　$y=\frac{1}{3}x^2$　と直線　$y=ax+1$　および2直線　$x=-3$，$x=3$　で囲まれる3つの図形の面積の和を$T(a)$とおく。

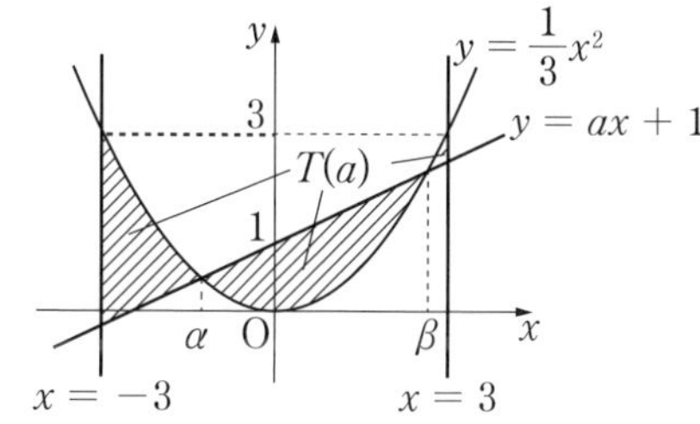

☆で，$b=1$　として，

$$T(a)=\frac{1}{9}\left(\sqrt{9a^2+12}\right)^3$$

このことから根号の中はaの2次関数でa^2の値の大小と$T(a)$の値の大小が同値である。

$a=-\frac{1}{3}$　のとき　$a^2=\frac{1}{9}$

$a=\frac{1}{6}$　のとき　$a^2=\frac{1}{36}$

$a=\frac{1}{2}$　のとき　$a^2=\frac{1}{4}$

よって　$\frac{1}{36}<\frac{1}{9}<\frac{1}{4}$　であるから　$\boldsymbol{T\left(\frac{1}{6}\right)<T\left(-\frac{1}{3}\right)<T\left(\frac{1}{2}\right)}$　$\boxed{①}_{ニ}$

$a=0$　のとき$T(a)$は最小になるから，最小値は，

$$T(0)=\frac{1}{9}(\sqrt{12})^3=\frac{\boxed{8}_{ヌ}\sqrt{\boxed{3}_{ネ}}}{\boxed{3}_{ノ}}$$

補足　$(a,\ b)=(0,\ 1)$　は(1)の領域内にある。

研　究

面積と定積分

放物線と直線で囲まれる3つの図形の面積の和を求める問題。まともに定積分を計算しても求められるが，誘導にのり，工夫して面積を求めてほしい。

(1)　2次方程式の解の配置問題である。a，b が満たす条件を図示するが，境界線は放物線と直線である。

a，b が満たす条件の別の導き方も書いておくと，

①，②は，$y=ax+b$ が $x=\pm 3$ で $y<3$ にあることから，$y=\pm 3a+b<3$

③は，(＊)の判別式を D として $D=9a^2+12b>0$

④は，$y=\dfrac{1}{3}x^2$ の $x=\pm 3$ における接線の傾きは $y'=\dfrac{2}{3}x$ より ± 2

図形的に $y=ax+b$ の傾きが $-2<a<2$

(2)　2次方程式の解と係数の関係から立式できる。

> **2次方程式の解と係数の関係**
>
> a，b，c は実数で，$a \neq 0$ とする。
>
> x の2次方程式 $ax^2+bx+c=0$ の解を $x=\alpha$，β とすると
>
> $$\begin{cases} \alpha+\beta=-\dfrac{b}{a} \\ \alpha\beta=\dfrac{c}{a} \end{cases}$$

$\beta-\alpha$ は，**設問解説** のように2乗して和 $\alpha+\beta$ と積 $\alpha\beta$ を利用しても求められる。あるいは**別解**のように，解の公式から解を求めて，差をとっても求められる。

なお，2次方程式 $ax^2+bx+c=0$ の実数解 α，β の差は判別式を $D=b^2-4ac$ として $|\beta-\alpha|=\dfrac{\sqrt{D}}{|a|}$ という公式もある。

また，a を α，β を用いて表すならば，2点 $\left(\alpha,\ \dfrac{1}{3}\alpha^2\right)$，$\left(\beta,\ \dfrac{1}{3}\beta^2\right)$ を通る直線の傾きが a なので，

$$a=\frac{\frac{1}{3}(\beta^2-\alpha^2)}{\beta-\alpha}=\frac{\frac{1}{3}(\beta-\alpha)(\beta+\alpha)}{\beta-\alpha}=\frac{1}{3}(\alpha+\beta)$$

とすることもできる。

(3)　(i)　S を定積分で表すが符号に注意して変形する。

(ii)　定積分の計算を直接しても求められるが，$-a \leqq x \leqq a$ のような対称的な区間で積分するときは，次のことを考えると計算が少し楽になる。

偶関数・奇関数の定積分

m を 0 以上の整数とする。

1 $\displaystyle\int_{-a}^{a} x^{2m}\,dx = 2\int_{0}^{a} x^{2m}\,dx$ （偶関数の積分）

2 $\displaystyle\int_{-a}^{a} x^{2m+1}\,dx = 0$ （奇関数の積分）

具体的にやってみると，

$$\int_{-3}^{3} dx = 2\int_{0}^{3} dx$$

$$\int_{-3}^{3} x^2\,dx = 2\int_{0}^{3} x^2\,dx$$

$$\int_{-3}^{3} x\,dx = 0$$

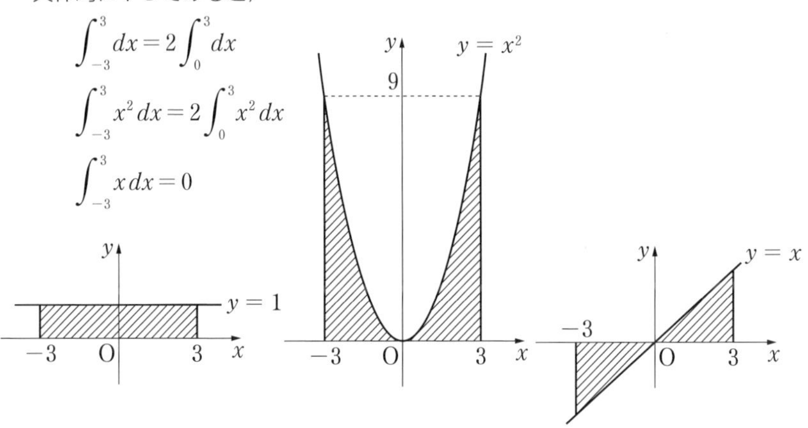

これらのことから一般に，

$$\int_{-a}^{a}(px^2+qx+r)dx = \int_{-a}^{a}px^2\,dx + \int_{-a}^{a}qxdx + \int_{-a}^{a}rdx = 2\int_{0}^{a}(px^2+r)dx$$

と変形できる。

$\displaystyle\int_{\alpha}^{\beta}(x-\alpha)(x-\beta)dx = -\frac{1}{6}(\beta-\alpha)^3$ は**予想問題第２回**にもあったが，教科書にもあるので，公式として使えるようにしておくとよい。－（マイナス）を勝手に消さないようにすること。

(4) 3 つの図形の面積の和は S で $a=\dfrac{1}{6}$，$b=1$ の場合であることから，(3)で求めた☆に代入して S を求めるとよい。α，β を求め，定積分で求めてもよい。

(5) 3 つの図形の面積の和は，(3)で求めた☆で $b=1$ として，a の関数 $T(a)$ で表せる。$T\left(\dfrac{1}{6}\right)$ は(4)の場合である。

根号（ルート）の中が a の 2 次関数なので，a の値の絶対値が小さいほど $T(a)$ の値が小さいことがわかる。

第3問 数学B

確率分布・統計的推測 

着眼点

(1) 正規分布を標準正規分布に近似する。
(2) 合格最低点を正規分布表から求める。
(3) 1点差の偏差値の差を求める。
(4) 母平均に対する信頼度95 %の信頼区間を求める。

設問解説

(1) 易

Xは正規分布$N(\boxed{56}_{アイ},\ \boxed{16}^2_{ウエ})$であるから

$$Z=\frac{X-56}{16}\quad\cdots\cdots①$$

とおくと，Zは平均$\boxed{0}_{オ}$，標準偏差$\boxed{1}_{カ}$の標準正規分布$N(0,\ 1)$に従う。

(2) やや難

合格する確率は　$\dfrac{244}{800}=\dfrac{61}{200}=\dfrac{30.5}{100}=0.305$

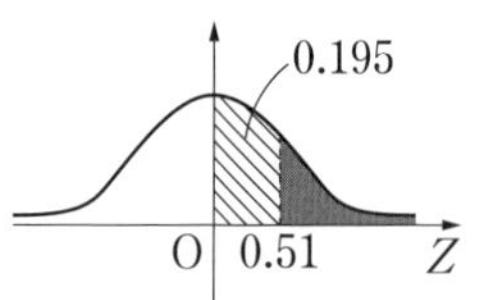

$0.5-0.305=0.195$

正規分布表から，$P(0\leqq Z\leqq 0.51)=0.195$

よって　$P(Z\geqq \mathbf{0.51})=0.5-P(0\leqq Z\leqq 0.51)$

$=0.5-0.195=0.305$　$\boxed{③}_{キ}$

これより，合格する条件は　$Z\geqq 0.51$　であるから①より，

$$\frac{X-56}{16}\geqq 0.51$$

すなわち　$X\geqq 64.16$

よって，合格最低点は**65**点と考えられる。$\boxed{①}_{ク}$

(3) 標準

$Y=10Z+50$ ……②

とおくと　$Z=\dfrac{Y-50}{10}$　が標準正規分布 $N(0,\ 1)$ に従う。

よって，Y は平均 $\boxed{50}_{ケコ}$，標準偏差 $\boxed{10}_{サシ}$ の正規分布 $N(50,\ 10^2)$ に従う。

別解　Z の平均は　$E(Z)=0$，標準偏差は　$S(Z)=1$

Y の平均は　$E(Y)=E(10Z+50)=10E(Z)+50=\boxed{50}_{ケコ}$

Y の標準偏差は　$S(Y)=S(10Z+50)=10S(Z)=\boxed{10}_{サシ}$

合格最低点で合格した人の得点は　$X=65$

1点届かず不合格になった人の得点は　$X=64$

これより①，②から，

$$Y_1=10\cdot\frac{65-56}{16}+50$$

$$Y_2=10\cdot\frac{64-56}{16}+50$$

よって　$Y_1-Y_2=\dfrac{10}{16}=\dfrac{5}{8}=0.\boxed{625}_{スセソ}$

分析編

解答・解説編

2021年(第1日程)

予想問題・第1回

予想問題・第2回

予想問題・第3回

(4) やや難

(i) 母平均 m に対する信頼度 95 %の信頼区間を求めると,

$$54-1.96\cdot\frac{16}{\sqrt{256}}\leqq m\leqq 54+1.96\cdot\frac{16}{\sqrt{256}}$$

ここで $1.96\cdot\frac{16}{\sqrt{256}}=1.96\cdot\frac{16}{16}=1.96$

よって **$52.04\leqq m\leqq 55.96$** $\boxed{①}_{タ}$, $\boxed{④}_{チ}$

(ii) 母平均 m に対する信頼度 95 %の信頼区間 $A\leqq m\leqq B$ の意味は，今年のP大学の受験者から大きさ 256 の標本を無作為抽出して信頼区間をつくることを繰り返すと，そのうち約 95 %の信頼区間が母平均 m を含んでいるということである。

よって, $\boxed{④}_{ツ}$

(iii) 信頼区間の幅は,

$$54+1.96\cdot\frac{16}{\sqrt{256}}-\left(54-1.96\cdot\frac{16}{\sqrt{256}}\right)=2\times1.96\cdot\frac{16}{\sqrt{256}}$$

……③

信頼度が 95 %より広くなるか狭くなるかをみるが，⓪と①，②と③，④と⑤は，同じことを比べているのでそれぞれみていく。

[⓪と①]

信頼度が 95 %より大きくなると，③の 1.96 の値が大きくなるので，信頼区間の幅も広くなる。つまり⓪は広くなり，①は狭くなる。

[②と③]

標本の大きさ 256 を小さくすると③は大きくなる。つまり③は広くなり，②は狭くなる。

[④と⑤]

平均が変わっても③の値は変わらない。つまり④，⑤は変わらない。

よって，信頼度 95 %の信頼区間の幅より広くなるものは $\boxed{⓪,\ ③}_{テ,ト}$

研　究

試験の得点と正規分布，母平均の推定

P 大学の入学試験の得点による分布を考える問題。平均が 56 点，標準偏差が 16 点とキリのよい数値になるわけはないのだが，問題の都合上そのようにしている。

(1)　正規分布に従うときは，平均 0，標準偏差 1 の標準正規分布に従うように変換するのが定石である。

> **正規分布の標準化**
>
> 確率変数 X が正規分布 $N(m,\ \sigma^2)$ に従うとき
>
> $$Z=\frac{X-m}{\sigma}$$
>
> とおくと，確率変数 Z は標準正規分布 $N(0,\ 1)$ に従うことが知られている。
>
> この Z を標準化した**確率変数**という。
>
> $0\leqq Z\leqq u$ の値をとる確率　$P(0\leqq Z\leqq u)$　は u の値から正規分布表を利用して求めることができる。

(2)　受験者が 800 人で，合格者が 244 人であることから，合格する確率は

$\dfrac{244}{800}=0.305$　である。正規分布表を使うので，小数になおして考える。

近似値で求めた結果なので，合格最低点は 65 点と確定しているわけではない。

(3)　Y は偏差値なので，平均 50 はよく知っているだろう。Z の標準偏差 1 に対し，偏差値 10 の幅で得点の標準偏差 16 が対応する。

差をとるだけなので，直接 Y_1，Y_2 を求めなくてもよいが，求めると，

$Y_1=55.625,\ Y_2=55$

となる。偏差値 1 未満で合否が決まるのが，運命の分かれ道になる。

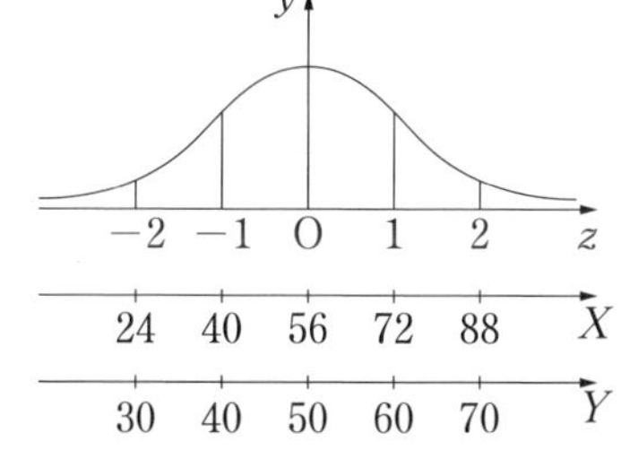

なお，偏差値が 70 以上になるのは，次の式から全体の 2.3 %くらいになる。

$$P(2\leqq Z)=0.5-P(0\leqq Z\leqq 2)=0.5-0.4772$$
$$=0.0228$$

$P(Z\leqq -2)=P(2\leqq Z)$　であるから偏差値が 30 以下の人も全体の 2.3 %くらいになる。

偏差値 50 を平均として上位何%かは正規分布表からわかるが，表にすると次のようになる。

偏差値	……	30	……	40	……	50	……	60	……	65	……	70	……	75	……	80	……
上位何％か		97.7		84.1		50.0		15.9		6.7		2.3		0.6		0.1	

(4) 標本平均から母平均を推定する問題。

母平均に対する信頼度 95 %の信頼区間

母分散 σ^2 がわかっている母集団から大きさ n の標本を抽出するとき，標本平均を $\overline{X}$ とする。$\overline{X}$ の値は標本抽出によって変わる。

n が大きければ $\overline{X}$ は正規分布 $N\left(m,\ \dfrac{\sigma^2}{n}\right)$ に従うので

$Z=\dfrac{\overline{X}-m}{\dfrac{\sigma}{\sqrt{n}}}$ とおくと

Z は標準正規分布 $N(0,\ 1)$ に従う。

正規分布表から　$P(|Z|\leqq 1.96)=0.95$　となることがわかる。

母平均 m に対する信頼度 95 %の信頼区間は　$|Z|\leqq 1.96$　として，

$$\boldsymbol{\frac{|\overline{X}-m|}{\dfrac{\sigma}{\sqrt{n}}}\leqq 1.96}$$

すなわち

$$\boldsymbol{\overline{X}-1.96\cdot\frac{\sigma}{\sqrt{n}}\leqq m\leqq \overline{X}+1.96\cdot\frac{\sigma}{\sqrt{n}}}$$

この区間は，無作為抽出を繰り返して得られた平均値からこのような信頼区間を多くつくると，その中に m を含むものが 95 %くらい期待できるということである。

(ii)は意味を考える問題で，よく間違えるのが⓪である。

母平均 m は決まった値があるので不変である。だから，母平均 m が信頼区間 $A\leqq m\leqq B$　に入る確率は，0 %か 100 %にしかならない。

第4問　数学B

着眼点

(1)　数列 $\{a_n\}$ が等差数列になる場合の一般項。

(2)　数列 $\{a_n\}$ が定数数列になる例。

(3)　数列 $\{a_n\}$ が定数数列になるための必要十分条件，ならない場合の一般項を求める。

(4)　定義された階和数列から，数列 $\{a_n\}$ の一般項を求める。

設問解説

数列 $\{a_n\}$ に対し

$$a_{n+1}-a_n=b_n \quad \cdots\cdots ⓐ$$

を満たす数列 $\{b_n\}$ を階差数列という。

$$a_{n+1}+a_n=c_n \quad \cdots\cdots ⓑ$$

を満たす数列 $\{c_n\}$ を階和数列と呼ぶことにする。

(1)　やや易

$a_1=4$，$b_n=2$　とすると，ⓐより，

$$a_{n+1}-a_n=2$$

数列 $\{a_n\}$ は公差2の等差数列であるから，

$$a_n=\boxed{2}_{ア}n+\boxed{2}_{イ}$$

ⓑより　$c_n=a_{n+1}+a_n=2(n+1)+2+2n+2=\boxed{4}_{ウ}n+\boxed{6}_{エ}$

(2)　標準

$a_1=2$，$c_n=4$　とすると，ⓑより，

$$a_{n+1}+a_n=4$$

すなわち　$a_{n+1}=-a_n+4$

$n=1$　として　$a_2=-a_1+4=-2+4=2$

$n=2$　として，$a_3=-a_2+4=-2+4-2$

$a_n=2$　とすると　$a_{n+1}=-a_n+4=-2+4=2$

$a_1=2$　であるから帰納的に　$a_n=\boxed{2}_{オ}$

別解　　$a_{n+1}=-a_n+4$

変形して　$a_{n+1}-2=-(a_n-2)$

数列 $\{a_n-2\}$ は第１項　$a_1-2=0$，公比 -1 の等比数列であるから，

$$a_n-2=0\cdot(-1)^{n-1}$$

よって　$a_n=\boxed{2}_{オ}$

ⓐより　$b_n=a_{n+1}-a_n=2-2=\boxed{0}_{カ}$

(3) やや難

$a_1=a$　とすると，数列 $\{a_n\}$ が定数数列になるための必要十分条件は，すべての自然数 n に対して，a_n が一定の値をとることから，

$$a_1=a \quad かつ \quad a_2=a \quad \cdots\cdots☆$$

となることが必要である。

$c_n=c$　であるから，ⓑで　$n=1$　として　$a_2+a_1=c$

☆から　$a+a=c$　すなわち　$c=2a$

逆に　$c=2a$　のとき　$a_n=a$　とすると，ⓑより

$a_{n+1}=-a_n+c=-a+2a=a$

$a_1=a$　であるから帰納的に　$a_n=\boxed{a}_{ク}$

数列 $\{a_n\}$ は定数数列である。

よって，求める必要十分条件は　$\boldsymbol{c=2a}$　$\boxed{②}_{キ}$

ⓐより　$b_n=a_{n+1}-a_n=a-a=\boxed{0}_{ケ}$

$c\neq 2a$　のとき，

$$a_{n+1}=-a_n+c$$

変形して　$a_{n+1}-\dfrac{c}{2}=-\left(a_n-\dfrac{c}{2}\right)$

数列 $\left\{a_n-\dfrac{c}{2}\right\}$ は第１項　$a_1-\dfrac{c}{2}=a-\dfrac{c}{2}$，公比 -1 の等比数列であるから，

$$a_n-\frac{c}{2}=\left(a-\frac{c}{2}\right)\cdot(-1)^{n-1}$$

よって　$a_n=\left(a-\dfrac{\boxed{c}_{コ}}{2}\right)\cdot(\boxed{-1}_{サシ})^{n-1}+\dfrac{c}{2}$

(4) やや難

$a_1=4$

$$a_{n+1}+a_n=\frac{2n+1}{n(n+1)} \quad \cdots\cdots①$$

$$\frac{1}{n+1}+\frac{1}{n}=\frac{(n+1)+n}{n(n+1)}=\frac{\boxed{2}_{ス}n+\boxed{1}_{セ}}{n(n+1)} \quad \cdots\cdots②$$

①−②と変形すると　$a_{n+1}-\frac{1}{n+1}+a_n-\frac{1}{n}=0$

すなわち　$a_{n+1}-\frac{1}{n+1}=-\left(a_n-\frac{1}{n}\right)$

数列 $\left\{a_n-\frac{1}{n}\right\}$ は第1項　$a_1-\frac{1}{1}=4-1=3$，公比 -1 の**等比数列** $\boxed{①}_{ソ}$ であるから，

$$a_n-\frac{1}{n}=3\cdot(-1)^{n-1}$$

よって，$a_n=\boxed{3}_{タ}\cdot(\boxed{-1}_{チツ})^{n-1}+\frac{\boxed{1}_{テ}}{n}$

$$3\cdot(-1)^{n-1}=\begin{cases}3 & (n\text{が奇数})\\ -3 & (n\text{が偶数})\end{cases}$$

であるから，

$$a_n=\begin{cases}3+\dfrac{1}{n} & (n\text{が奇数})\\ -3+\dfrac{1}{n} & (n\text{が偶数})\end{cases}$$

このことから，数列 $\{a_n\}$ は $3\cdot(-1)^{n-1}$ が3と -3 を繰り返し，$\frac{1}{n}(>0)$ を加えるので n が奇数ならば3よりも大きくなり，n が偶数ならば -3 よりも大きくなる。

$a_3=3+\frac{1}{3}>3$　となるから(Ⅰ)は誤り。

すべての自然数 n に対して　$a_n>-3$　であるから(Ⅱ)は正しい。

よって，(Ⅰ)，(Ⅱ)の正誤の組合せとして正しいものは，$\boxed{②}_{ト}$

補足　㋐　n が奇数のとき

$$n=2m-1\quad(m=1,\ 2,\ 3,\ \cdots)$$

とおけて，

$$a_n=a_{2m-1}=3\cdot(-1)^{2(m-1)}+\frac{1}{2m-1}=3+\frac{1}{2m-1}>3$$

㋑　n が偶数のとき

$$n=2m\quad(m=1,\ 2,\ 3,\ \cdots)$$

とおけて，

$$a_n=a_{2m}=3\cdot(-1)^{2m-1}+\frac{1}{2m}=-3+\frac{1}{2m}>-3$$

研　究

階差数列と階和数列，定数数列

階差数列は教科書に載っている用語であるが，**階和数列**は勝手につくった用語である。

$$\begin{cases} a_{n+1}-a_n=b_n \\ a_{n+1}+a_n=c_n \end{cases} \quad (n=1,\ 2,\ 3,\ \cdots)$$

が成り立つので辺々たしたりひいたりして，

$$a_{n+1}=\frac{b_n+c_n}{2},\quad a_n=\frac{c_n-b_n}{2}$$

の関係式もみえてくる。

(1)　数列 $\{b_n\}$ は $\{a_n\}$ の階差数列であるが，数列 $\{b_n\}$ が定数数列ならば数列 $\{a_n\}$ は等差数列になる。$a_{n+1}-a_n$ が一定値ならば差が等しく等差数列ということで，この差が公差になる。

(2)　階和数列から数列 $\{a_n\}$ が定数数列になることがある。具体例を確認する問題であった。

$a_{n+1}=-a_n+4$ の関係から別解のように漸化式を解いてもよいが，$a_1=2$，$a_2=2$ となるので，$a_3=-a_2+4=2$，$a_4=-a_3+4=2$，…と帰納的にすべての自然数 n に対して $a_n=2$ とわかる。

マーク方式で $a_n=$ □ と定数とわかってしまうので，$a_1=2$ からすぐに答えは出るのだろうが，漸化式の意味を考えてほしい。定数数列ならば $a_{n+1}=a_n$ $(=2)$ であるから $a_{n+1}-a_n=0$ となる。これよりⓐで $b_n=0$ であり，数列 $\{b_n\}$ も定数数列となる。

(3)　(2)をヒントにして数列 $\{a_n\}$ が定数数列になる必要十分条件を求める。

数列 $\{a_n\}$ が定数数列になるのは，すべての自然数 n に対して a_n が一定値になるので，$a_1=a_2=a_3=\cdots$ であり，$a_1=a$ であるから，$a_n=a$ $(n=1,\ 2,\ 3,\ \cdots)$ となることである。漸化式 $a_{n+1}=-a_n+c$ は a_n が決まれば a_{n+1} が決まる関係なので，「$a_n=a \Longrightarrow a_{n+1}=a$」のイメージである。

設問解説 の流れを説明すると，$a_1=a$ なので $a_2=a$ つまり $c=2a$ であることが必要である。

逆に $c=2a$ ならば $a_1=a$ かつ $a_2=a$ で，$a_3=a$，$a_4=a$，…と帰納的にすべての自然数 n に対して $a_n=a$ となるので十分となる。

よって，数列 $\{a_n\}$ が定数数列になる必要十分条件は「$c=2a$」である。

数列 $\{a_n\}$ が定数数列にならないときは $a_{n+1}=pa_n+q$ の形の漸化式なので定石どおりである。変形の流れを書いておくと，

$$\begin{array}{rl} a_{n+1} &= -a_n+c \\ -)\qquad \alpha &= -\alpha+c \\ \hline a_{n+1}-\alpha &= -(a_n-\alpha) \end{array} \quad \Longleftrightarrow \quad \alpha=\frac{c}{2}$$

(4) 特殊な漸化式であったが，問題文にある誘導にのって等比数列に変形できる。
最後は数列$\{a_n\}$について考察する問題であった。
この先は階差数列の問題を入れなかったので，確認として追加問題を出しておく。

追加問題

数列$\{a_n\}$の初項を$a_1=4$，階差数列$\{b_n\}$を，$b_n=\dfrac{1}{\sqrt{n+1}+\sqrt{n}}$とすると，数列$\{a_n\}$の一般項は

$a_n=$ □

である。

階差数列$\{b_n\}$が定数数列ではないとき，数列$\{a_n\}$の一般項は，次のようになる。

階差数列と一般項

数列$\{a_n\}$の階差数列を$\{b_n\}$とする。
つまり，

$$\boldsymbol{a_{n+1}-a_n=b_n}\quad(\boldsymbol{n}=1,\ 2,\ 3,\ \cdots)$$

が成り立つとすると，

$$\boldsymbol{n}\geqq 2\quad \text{のとき}\quad \boldsymbol{a_n=a_1+\sum_{k=1}^{n-1}b_k}$$

注意として，$n=1$ とすると $n-1=0$ となり，不適なので $n\geqq 2$ とする。
(1)のように数列$\{b_n\}$を定数数列 $b_n=d$ つまり $a_{n+1}-a_n=d$ とすると，数列$\{a_n\}$は公差dの等差数列であるが

$$n\geqq 2\quad \text{のとき}\quad a_n=a_1+\sum_{k=1}^{n-1}d=a_1+(n-1)d$$

と等差数列の一般項の公式も出てくる。
和の計算は階差の形を利用して求める方法がある。和の形で表すと，＋と－で打ち消し合っていくので，残ったものが和となる。

$$\sum_{k=1}^{n}\{f(k+1)-f(k)\}$$
$$=\{\cancel{f(2)}-f(1)\}+\{\cancel{f(3)}-\cancel{f(2)}\}+\{\cancel{f(4)}-\cancel{f(3)}\}+\cdots+\{f(n+1)-\cancel{f(n)}\}$$
$$=f(n+1)-f(1)$$

《解答例》

$a_1=4$, $b_n=\dfrac{1}{\sqrt{n+1}+\sqrt{n}}=\dfrac{\sqrt{n+1}-\sqrt{n}}{(\sqrt{n+1}+\sqrt{n})(\sqrt{n+1}-\sqrt{n})}=\sqrt{n+1}-\sqrt{n}$

ⓐより　$a_{n+1}-a_n=b_n$

$n\geqq 2$　のとき，

$$\begin{aligned} a_n &= a_1+\sum_{k=1}^{n-1} b_k \\ &= 4+\sum_{k=1}^{n-1}(\sqrt{k+1}-\sqrt{k}) \\ &= 4+\{(\sqrt{2}-\sqrt{1})+(\sqrt{3}-\sqrt{2})+\cdots+(\sqrt{n}-\sqrt{n-1})\} \\ &= 4+\sqrt{n}-1 \\ &= \sqrt{n}+3 \end{aligned}$$

$n=1$　とすると　$a_1=\sqrt{1}+3=4$　より　$n=1$　のときも成り立つ。

よって　$a_n=\boxed{\sqrt{n}+3}$

第5問　数学B

ベクトルと空間図形　標準

着眼点

〔1〕　1次独立についての基本の確認。

〔2〕

(1)　四面体OABCの体積 V を求める。

(2)　平面DEFと辺ACの交点Pを求める。

(3)　直線OCと平面DEFの交点Qを求める。

(4)　体積 W を高さの比や面積比を考えて求める。

設問解説

〔1〕　標準

3つの実数 p, q, r と相異なる4点O，A，B，Cがあり，

$$p\overrightarrow{OA}+q\overrightarrow{OB}+r\overrightarrow{OC}=\vec{0}\quad\cdots\cdots(*)$$

が成り立つとする。

(Ⅰ)について，

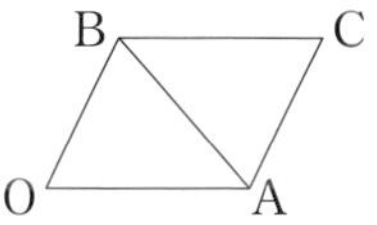

三角形ABCが存在するならば，4点O，A，B，Cが同一平面上にあるとして　$\overrightarrow{OC}=\overrightarrow{OA}+\overrightarrow{OB}$　であり，(*)は

$$p\overrightarrow{OA}+q\overrightarrow{OB}+r(\overrightarrow{OA}+\overrightarrow{OB})=\vec{0}$$

すなわち　$(p+r)\overrightarrow{OA}+(q+r)\overrightarrow{OB}=\vec{0}$

これは　$p+r=0$　かつ　$q+r=0$　で成り立つので，$p=1$，$q=1$，$r=-1$　などで成り立つ。

したがって，「$p=0$　かつ　$q=0$　かつ　$r=0$」にならない。

よって，反例があるので偽である。

(Ⅱ)について，

四面体OABCが存在するならば，4点O，A，B，Cは同一平面上にない。

$r\neq 0$　とすると(*)は，

$$\overrightarrow{OC}=-\frac{p}{r}\overrightarrow{OA}-\frac{q}{r}\overrightarrow{OB}$$

これは，4点O，A，B，Cが同一平面上にあることになり矛盾する。

これより　$r=0$

㊉は　$p\overrightarrow{\mathrm{OA}}+q\overrightarrow{\mathrm{OB}}=\vec{0}$　……㊉′

㊉′で，$q\neq0$　とすると　$\overrightarrow{\mathrm{OB}}=-\dfrac{p}{q}\overrightarrow{\mathrm{OA}}$

これは，3点O，A，Bが同一直線上にあることになり矛盾する。

これより　$q=0$

㊉′は　$p\overrightarrow{\mathrm{OA}}=\vec{0}$

$\overrightarrow{\mathrm{OA}}\neq\vec{0}$　であるから　$p=0$

よって，$p=0$　かつ　$q=0$　かつ　$r=0$　であるから真である。

以上より，真偽の組合せとして正しいものは　②ア

〔2〕

(1) 

$\overrightarrow{\mathrm{AB}}\cdot\overrightarrow{\mathrm{AC}}=|\overrightarrow{\mathrm{AB}}||\overrightarrow{\mathrm{AC}}|\cos(\angle\mathrm{BAC})$

$=3\cdot\sqrt{5}\cdot\dfrac{3^2+(\sqrt{5})^2-(2\sqrt{3})^2}{2\cdot3\cdot\sqrt{5}}$

(∵ △ABC に余弦定理)

$=\boxed{1}$イ

C　$\sqrt{5}$　$2\sqrt{3}$　A　3　B

△ABCの面積を S として，

$$S=\frac{1}{2}\sqrt{|\overrightarrow{\mathrm{AB}}|^2|\overrightarrow{\mathrm{AC}}|^2-(\overrightarrow{\mathrm{AB}}\cdot\overrightarrow{\mathrm{AC}})^2}=\frac{1}{2}\sqrt{3^2\cdot(\sqrt{5})^2-1^2}$$

$$=\frac{1}{2}\sqrt{44}=\sqrt{\boxed{11}}$$ウエ

△OCA について　$2^2+(\sqrt{5})^2=3^2$　が成り立つので三平方の定理の逆から，△OCA は斜辺が OA の直角三角形である。

△OCB について　$2^2+(2\sqrt{3})^2=4^2$　が成り立つので三平方の定理の逆から，△OCB は斜辺が OB の直角三角形である。

OC ⊥ CA　かつ　OC ⊥ CB　であるから，OC ⊥ 平面 ABC　である。

点 O と平面 ABC の距離は　OC $=\boxed{2}$オ

よって，四面体 OABC の体積 V は，

$$V=\frac{1}{3}\cdot S\cdot \mathrm{OC}=\frac{1}{3}\cdot\sqrt{11}\cdot2$$

$$=\frac{\boxed{2}}{\boxed{3}}\sqrt{\boxed{11}}$$カ キ クケ

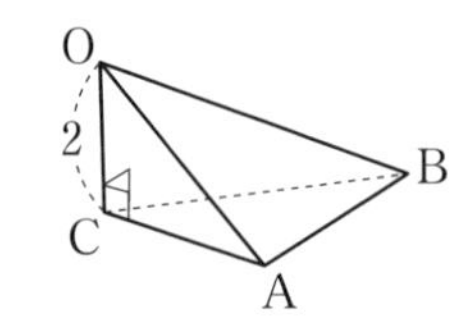

(2) 標準

①＝②として，

$$(1-t)\overrightarrow{OA}+t\overrightarrow{OC}=\left(\frac{1}{3}-\frac{x}{3}-\frac{y}{3}\right)\overrightarrow{OA}+\left(\frac{3}{4}x+\frac{y}{2}\right)\overrightarrow{OB}+\frac{y}{2}\overrightarrow{OC}$$

$\overrightarrow{OA}$，$\overrightarrow{OB}$，$\overrightarrow{OC}$ は同一平面上にないので，

$$\begin{cases}\dfrac{1}{3}-\dfrac{x}{3}-\dfrac{y}{3}=1-t\\[2mm]\dfrac{3}{4}x+\dfrac{y}{2}=0\\[2mm]\dfrac{y}{2}=t\end{cases}$$

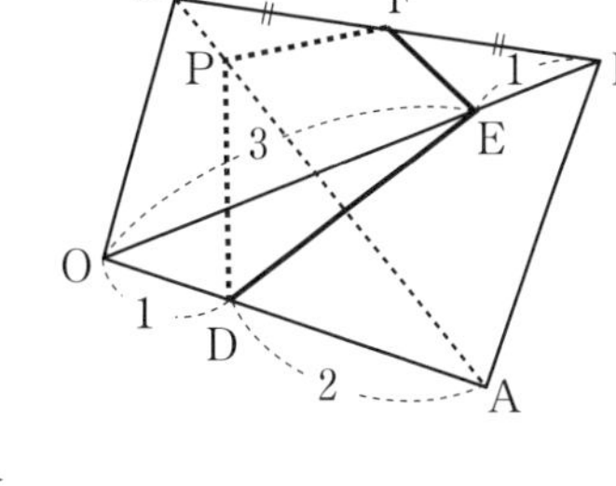

連立して　$x=-\dfrac{8}{7}$，$y=\dfrac{12}{7}$，$t=\dfrac{6}{7}$

よって　$\overrightarrow{OP}=\dfrac{\boxed{1}_{コ}}{\boxed{7}_{サ}}\overrightarrow{OA}+\dfrac{\boxed{6}_{シ}}{\boxed{7}_{ス}}\overrightarrow{OC}$

(3) 標準

点Qは平面DEF上にあることから，②と同様におけて，

$$\overrightarrow{OQ}=\left(\frac{1}{3}-\frac{x}{3}-\frac{y}{3}\right)\overrightarrow{OA}+\left(\frac{3}{4}x+\frac{y}{2}\right)\overrightarrow{OB}+\frac{y}{2}\overrightarrow{OC}\quad\cdots\cdots③$$

点Qは直線OC上にあるので実数 k を用いて，

$$\overrightarrow{OQ}=k\overrightarrow{OC}\quad\cdots\cdots④$$

③＝④として，$\overrightarrow{OA}$，$\overrightarrow{OB}$，$\overrightarrow{OC}$ は同一平面上にないので，

$$\begin{cases}\dfrac{1}{3}-\dfrac{x}{3}-\dfrac{y}{3}=0\\[2mm]\dfrac{3}{4}x+\dfrac{y}{2}=0\\[2mm]\dfrac{y}{2}=k\end{cases}$$

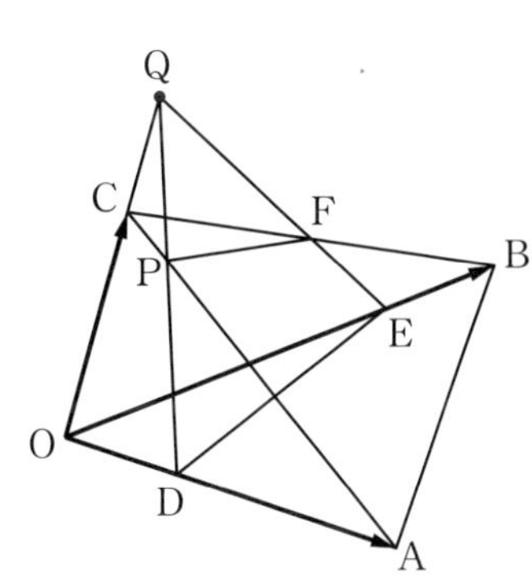

連立して　$x=-2$，$y=3$，$k=\dfrac{3}{2}$

よって　$\overrightarrow{OQ}=\dfrac{\boxed{3}_{セ}}{\boxed{2}_{ソ}}\overrightarrow{OC}$

別解　△OQE の2辺とその延長が1つの直線と点C，F，B で交わるので，メネラウスの定理を用いて，

$$\frac{OQ}{QC}\cdot\frac{CF}{FB}\cdot\frac{BE}{EO}$$

すなわち　$\frac{OQ}{QC}\cdot\frac{1}{1}\cdot\frac{1}{3}=1$

これより $\frac{OQ}{QC}=3$　であり　OQ：QC＝3：1　なので，

OC：CQ＝2：1

よって　$\overrightarrow{OQ}=\frac{\boxed{3}_{セ}}{\boxed{2}_{ソ}}\overrightarrow{OC}$

(4)　難

(i)　(3)より　OC：CQ＝2：1

四面体QABC と四面体OABC の体積比は底辺を △ABC とみたとき，高さの比 CQ：OC＝1：2 となるので，

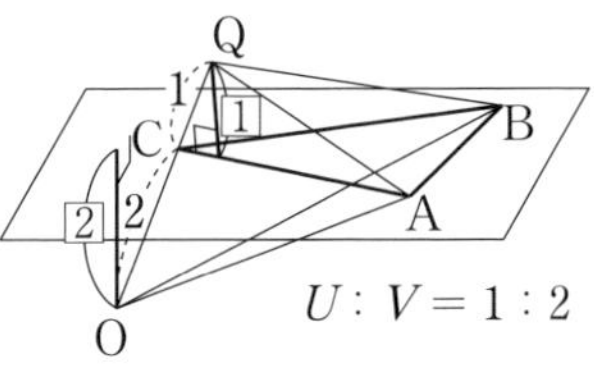

四面体QABC の体積 U は　$U=\frac{\boxed{1}_{タ}}{\boxed{2}_{チ}}V$

四面体QOAB の体積を K とすると，K は四面体OABC と四面体QABC の体積の和より，

$$K=V+U=V+\frac{1}{2}V=\frac{\boxed{3}_{ツ}}{\boxed{2}_{テ}}V$$

(ii)　四面体QODE の体積 V_1 と四面体QOAB の体積 K は △ODE と △OAB を底面とみると高さが共通である。

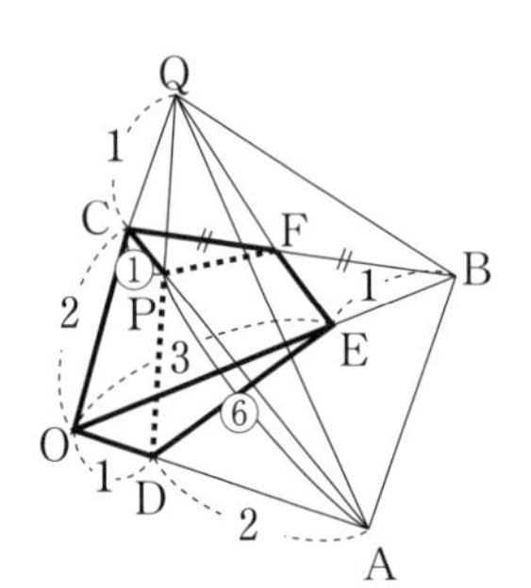

△ODE と △OAB の面積比は，∠DOE と∠AOB が共通なので，

$$\frac{\triangle ODE}{\triangle OAB}=\frac{\frac{1}{2}\cdot OD\cdot OE\sin(\angle AOB)}{\frac{1}{2}\cdot OA\cdot OB\sin(\angle AOB)}$$

$$=\frac{OD\cdot OE}{OA\cdot OB}=\frac{1\cdot 3}{3\cdot 4}=\frac{1}{4}$$

底面積の比　△ODE：△OAB＝1：4

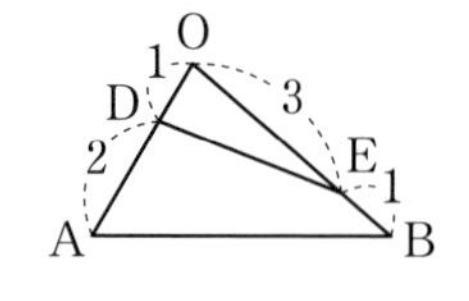

高さが共通より，

$$V_1=\frac{\boxed{1}_{ト}}{\boxed{4}_{ナ}}K$$

四面体QCPFの体積 V_2 と四面体QABCの体積 U は，△CPFと△CABを底面とみると高さが共通である。

(2)より，CP：PA＝1：6

△CPFと△CABの面積比は∠PCFと∠ACBが共通なので，

$$\frac{\triangle \mathrm{CPF}}{\triangle \mathrm{CAB}}=\frac{\mathrm{CP}\cdot\mathrm{CF}}{\mathrm{CA}\cdot\mathrm{CB}}=\frac{1\cdot1}{7\cdot2}=\frac{1}{14}$$

底面積の比　△CPF：△CAB＝1：14　高さが共通と考えて，

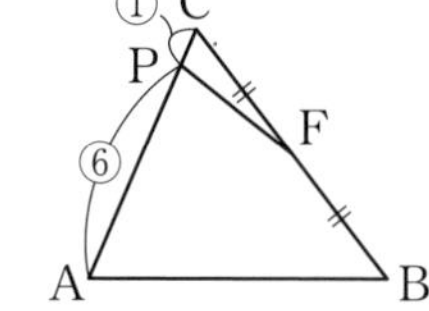

$$V_2=\frac{\boxed{1}_{ニ}}{\boxed{14}_{ヌネ}}U$$

(iii)　(i)，(ii)より

$$V_1=\frac{1}{4}K=\frac{1}{4}\cdot\frac{3}{2}V=\frac{3}{8}V$$

$$V_2=\frac{1}{14}U=\frac{1}{14}\cdot\frac{1}{2}V=\frac{1}{28}V$$

よって

$$W=V_1-V_2=\frac{3}{8}V-\frac{1}{28}V=\frac{19}{56}V$$

$$=\frac{19}{56}\cdot\frac{2}{3}\sqrt{11}\quad(\because(1))$$

$$=\frac{\boxed{19}_{ノハ}}{\boxed{84}_{ヒフ}}\sqrt{11}$$

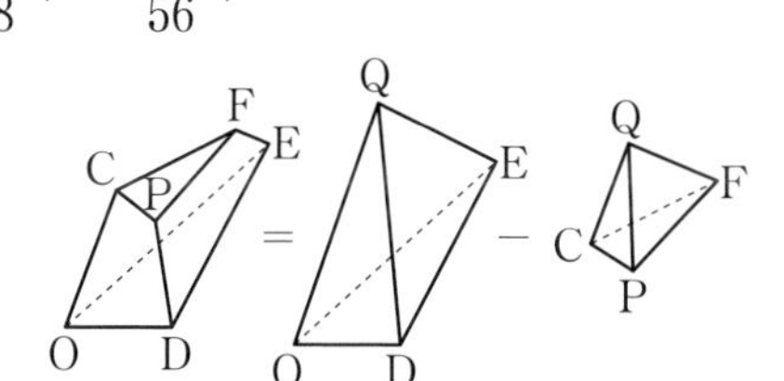

研　究

四面体を平面で分割したときの体積

四面体を平面で分割して体積を求める問題。

〔1〕 次のことが成り立つことの確認問題であった。

3 つの 1 次独立なベクトルの性質 1

3 つの実数を p, q, r とし，$\overrightarrow{OA}$, $\overrightarrow{OB}$, $\overrightarrow{OC}$ が同一平面上にないならば，

$$p\overrightarrow{OA}+q\overrightarrow{OB}+r\overrightarrow{OC}=\vec{0} \iff \begin{cases} p=0 \\ q=0 \\ r=0 \end{cases}$$

$\Longleftarrow$ が成り立つのはすぐにわかるだろう。

$\Longrightarrow$ が成り立つには「$\overrightarrow{OA}$, $\overrightarrow{OB}$, $\overrightarrow{OC}$ が同一平面上にない」という条件が大切である。この条件は言いかえて「四面体 OABC が存在する」にもなる。また，「$\overrightarrow{OA}$, $\overrightarrow{OB}$, $\overrightarrow{OC}$ は 1 次独立である」ということもある。

「$\overrightarrow{OA}$, $\overrightarrow{OB}$, $\overrightarrow{OC}$ が同一平面上にない」の条件を満たさない場合は $\Longrightarrow$ が成り立たない。

たとえば，「$\overrightarrow{OA}$, $\overrightarrow{OB}$, $\overrightarrow{OC}$ が同一平面上にある」とすると，

$$\overrightarrow{OC}=s\overrightarrow{OA}+t\overrightarrow{OB} \quad (s,\ t\text{ は実数})$$

と表せるので，**設問解説** では，$s=1$, $t=1$ としたが，反例があるので，$\Longrightarrow$ が成り立たない。

設問解説 でもここでもくどく説明したが，実際の試験ならばすぐに(Ⅰ)が偽で(Ⅱ)が真であるとしてほしい。

なお，3 つのベクトルで表された等式は次のように係数比較できる。

3 つの 1 次独立なベクトルの性質 2

p, q, r, α, β, γ を実数とし，$\overrightarrow{OA}$, $\overrightarrow{OB}$, $\overrightarrow{OC}$ が同一平面上にないならば，

$$p\overrightarrow{OA}+q\overrightarrow{OB}+r\overrightarrow{OC}=\alpha\overrightarrow{OA}+\beta\overrightarrow{OB}+\gamma\overrightarrow{OC} \iff \begin{cases} p=\alpha \\ q=\beta \\ r=\gamma \end{cases}$$

これは　$p\overrightarrow{OA}+q\overrightarrow{OB}+r\overrightarrow{OC}=\alpha\overrightarrow{OA}+\beta\overrightarrow{OB}+\gamma\overrightarrow{OC}$

を変形すれば

$$\iff (p-\alpha)\overrightarrow{OA}+(q-\beta)\overrightarrow{OB}+(r-\gamma)\overrightarrow{OC}=\vec{0}$$

$$\iff \begin{cases} p-\alpha=0 \\ q-\beta=0 \\ r-\gamma=0 \end{cases} \quad (\because 3\text{ つの }1\text{ 次独立なベクトルの性質 }1) \iff \begin{cases} p=\alpha \\ q=\beta \\ r=\gamma \end{cases}$$

このことから，x 軸，y 軸，z 軸のように 3 方向を決めておけば，空間内の任意の点 P は $\overrightarrow{OA}$，$\overrightarrow{OB}$，$\overrightarrow{OC}$ を用いて，$\overrightarrow{OP}=x\overrightarrow{OA}+y\overrightarrow{OB}+z\overrightarrow{OC}$ （x，y，z は実数）と，1 通りで表せる。

〔2〕

(1) **設問解説** では内積を余弦定理から求めたが，△ABC の 3 辺の長さがわかるとき，1 つの頂点を始点，それ以外の 2 つの頂点を終点とする 2 つのベクトルの内積は次のようになる。

三角形の辺の長さと内積

$\mathrm{BC}=a$，$\mathrm{CA}=b$，$\mathrm{AB}=c$

となる △ ABC について，

$$\overrightarrow{\mathbf{AB}}\cdot\overrightarrow{\mathbf{AC}}=\frac{b^2+c^2-a^2}{2}$$

$$\overrightarrow{\mathbf{BA}}\cdot\overrightarrow{\mathbf{BC}}=\frac{c^2+a^2-b^2}{2}$$

$$\overrightarrow{\mathbf{CA}}\cdot\overrightarrow{\mathbf{CB}}=\frac{a^2+b^2-c^2}{2}$$

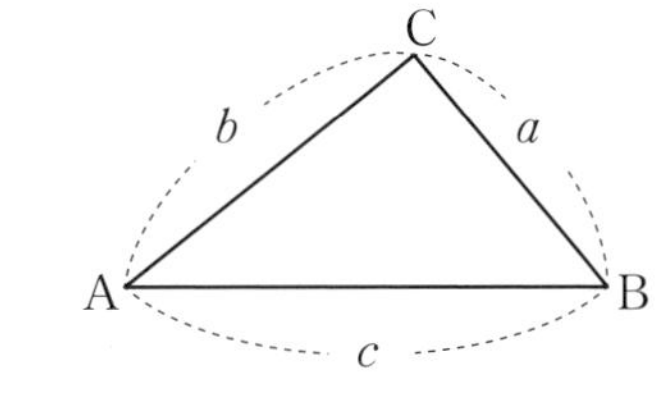

が成り立つ。

式を 3 つ書いたが，同じことである。

△ABC の面積は公式 （△ABC の面積）$=\dfrac{1}{2}\sqrt{\left(\overrightarrow{AB}\right)^2\left(\overrightarrow{AC}\right)^2-\left(\overrightarrow{AB}\cdot\overrightarrow{AC}\right)^2}$

を用いた。

OC ⊥ 平面 ABC　から高さが OC になる。四面体 OABC の体積 V はこれらのことから求められる。

(2) 点が直線上にある場合や平面上にある場合はベクトルでは次のことを使うことが多い。

共線条件

異なる 2 点 A，B がある。

また，点 O は直線 AB 上にない点とする。

点 P が直線 AB 上に存在する条件は次である。

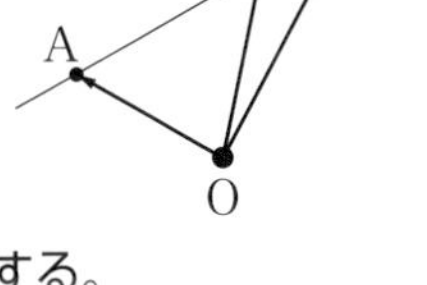

1 $\overrightarrow{\mathbf{AP}}=t\overrightarrow{\mathbf{AB}}$　となる実数 t が存在する。

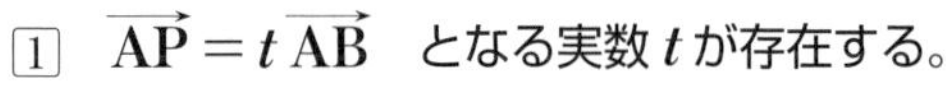

2 $\overrightarrow{\mathbf{OP}}=\overrightarrow{\mathbf{OA}}+t\overrightarrow{\mathbf{AB}}$　となる実数 t が存在する。

3 $\overrightarrow{\mathbf{OP}}=(1-t)\overrightarrow{\mathbf{OA}}+t\overrightarrow{\mathbf{OB}}$　となる実数 t が存在する。

4 $\overrightarrow{\mathbf{OP}}=x\overrightarrow{\mathbf{OA}}+y\overrightarrow{\mathbf{OB}}$　かつ　$x+y=1$

となる実数 x，y が存在する。

共面条件

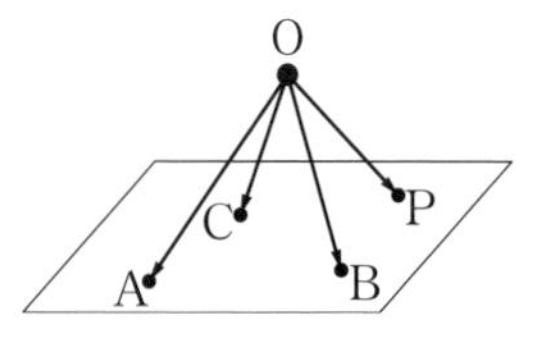

同一直線上にない異なる3点A，B，Cがある。

また，点Oは平面ABC上にない点とする。

点Pが平面ABC上に存在する条件は次のとおりである。

1 $\overrightarrow{AP}=s\overrightarrow{AB}+t\overrightarrow{AC}$ となる実数s，tが存在する。

2 $\overrightarrow{OP}=\overrightarrow{OA}+s\overrightarrow{AB}+t\overrightarrow{AC}$ となる実数s，tが存在する。

3 $\overrightarrow{OP}=(1-s-t)\overrightarrow{OA}+s\overrightarrow{OB}+t\overrightarrow{OC}$
となる実数s，tが存在する。

4 $\overrightarrow{OP}=x\overrightarrow{OA}+y\overrightarrow{OB}+z\overrightarrow{OC}$ かつ $x+y+z=1$
となる実数x，y，zが存在する。

問題文に解法を書いているが，最後は〔1〕 **3つの1次独立なベクトルの性質2** を用いる。

(3) (2)と同様にできる。**別解**としてメネラウスの定理を用いることもできる。

(4) 体積Wは難問かもしれないが，ヒントがあるのでなんとかできてほしい。

底面積が共通なときは高さの比が体積比，高さが共通なときは底面積が体積比になる。線分比は(2)，(3)からわかる。

最後に，メネラウスの定理の空間版のような定理を紹介しておく。

四面体と平面の4交点の比の定理

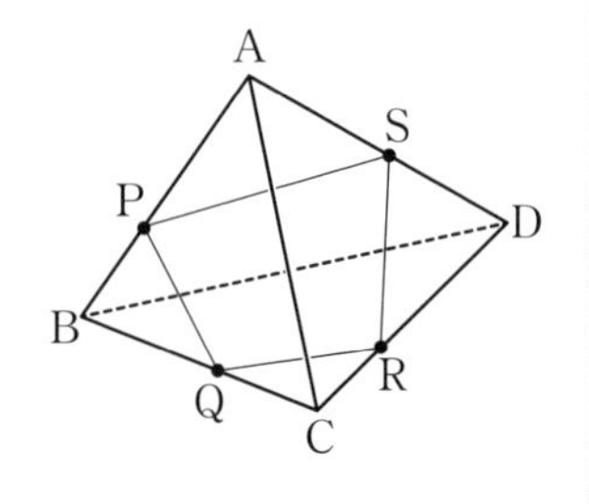

四面体ABCDがあり，
頂点を除く辺AB，BC，CD，DA上にそれぞれP，Q，R，Sがあるとき，
4点P，Q，R，Sが同一平面上にあれば

$$\frac{AP}{PB}\cdot\frac{BQ}{QC}\cdot\frac{CR}{RD}\cdot\frac{DS}{SA}=1$$

が成り立つ。

証明を書いておくと，頂点をX，底面を四角形PQRSとする四角錐の体積をX－PQRSのように表すとする。四角形PQRSを底面として高さの比が体積比となることから，

$$\frac{AP}{PB}=\frac{A-PQRS}{B-PQRS},\quad \frac{BQ}{QC}=\frac{B-PQRS}{C-PQRS}$$

$$\frac{CR}{RD}=\frac{C-PQRS}{D-PQRS},\quad \frac{DS}{SA}=\frac{D-PQRS}{A-PQRS}$$

であるから

$$\frac{\mathrm{AP}}{\mathrm{PB}}\cdot\frac{\mathrm{BQ}}{\mathrm{QC}}\cdot\frac{\mathrm{CR}}{\mathrm{RD}}\cdot\frac{\mathrm{DS}}{\mathrm{SA}}$$

$$=\frac{\mathrm{A-PQRS}}{\mathrm{B-PQRS}}\cdot\frac{\mathrm{B-PQRS}}{\mathrm{C-PQRS}}\cdot\frac{\mathrm{C-PQRS}}{\mathrm{D-PQRS}}\cdot\frac{\mathrm{D-PQRS}}{\mathrm{A-PQRS}}=1$$

四面体の 6 つの辺のうち，4 つの辺に点があって，同一平面上にあれば，メネラウスの定理のように比の関係が成り立つ。

本問(3)(iii)では辺 OA，AC，CB，BO 上にそれぞれ D，P，F，E があり，4 点 D，P，F，E は同一平面上にあるので，

$$\frac{\mathrm{OD}}{\mathrm{DA}}\cdot\frac{\mathrm{AP}}{\mathrm{PC}}\cdot\frac{\mathrm{CF}}{\mathrm{FB}}\cdot\frac{\mathrm{BE}}{\mathrm{EO}}=1 \quad \text{すなわち} \quad \frac{1}{2}\cdot\frac{\mathrm{AP}}{\mathrm{PC}}\cdot\frac{1}{1}\cdot\frac{1}{3}=1$$

これより $\frac{\mathrm{AP}}{\mathrm{PC}}=6$ であるから AP：PC＝6：1

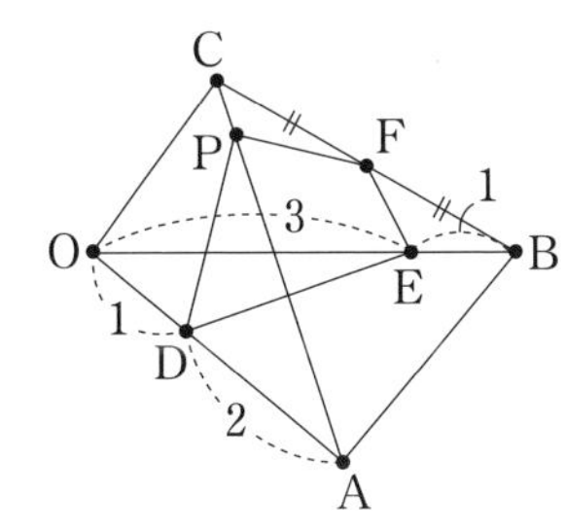

MEMO

MEMO

佐々木　誠（ささき　まこと）
　代々木ゼミナール数学科講師。広島市出身。数学が好きで、そのおもしろさを伝えたいと予備校講師の道へ。
　みずからがテキストを作成した大学別対策講座を長年担当。また、模擬試験の作問などでも活躍。その授業は「癒やしの講義」として支持されている。
　著書に、『改訂第２版　大学入学共通テスト　数学Ⅰ・A予想問題集』『数学検定準２級に面白いほど合格する本』（以上、KADOKAWA）がある。

改訂版　大学入学共通テスト

数学Ⅱ・B予想問題集

2021年９月17日　初版発行

著者／佐々木 誠

発行者／青柳 昌行

発行／株式会社KADOKAWA
〒102-8177　東京都千代田区富士見2-13-3
電話　0570-002-301（ナビダイヤル）

印刷所／株式会社加藤文明社印刷所

ISBN 978-4-04-605186-8　C7041

改訂版

大学入学共通テスト

数学Ⅱ・B 予想問題集

別　冊

問題編

この別冊は本体に糊付けされています。
別冊を外す際の背表紙の剥離等については交換いたしかねますので、本体を開いた状態でゆっくり丁寧に取り外してください。

改訂版　大学入学共通テスト
数学Ⅱ・B 予想問題集　別冊もくじ

別　冊

問題編

本　冊

分析編

解答・解説編

2021年1月実施
共通テスト・第1日程

100点／60分

＊「第１問」「第２問」は必答です。
＊「第３問」「第４問」「第５問」は、いずれか２問を選択して解答してください。

第1問（必答問題）（配点　30）

〔1〕

(1)　次の**問題A**について考えよう。

> **問題A**　関数 $y=\sin\theta+\sqrt{3}\cos\theta\ \left(0\leqq\theta\leqq\dfrac{\pi}{2}\right)$ の最大値を求めよ。

$$\sin\frac{\pi}{\boxed{\text{ア}}}=\frac{\sqrt{3}}{2},\quad \cos\frac{\pi}{\boxed{\text{ア}}}=\frac{1}{2}$$

であるから，三角関数の合成により

$$y=\boxed{\text{イ}}\sin\left(\theta+\frac{\pi}{\boxed{\text{ア}}}\right)$$

と変形できる。よって，y は $\theta=\dfrac{\pi}{\boxed{\text{ウ}}}$ で最大値 $\boxed{\text{エ}}$ をとる。

(2)　p を定数とし，次の**問題B**について考えよう。

> **問題B**　関数 $y=\sin\theta+p\cos\theta\ \left(0\leqq\theta\leqq\dfrac{\pi}{2}\right)$ の最大値を求めよ。

(i)　$p=0$ のとき，y は $\theta=\dfrac{\pi}{\boxed{\text{オ}}}$ で最大値 $\boxed{\text{カ}}$ をとる。

(ii)　$p>0$ のときは，加法定理

$$\cos(\theta-\alpha)=\cos\theta\cos\alpha+\sin\theta\sin\alpha$$

を用いると

$$y=\sin\theta+p\cos\theta=\sqrt{\boxed{\text{キ}}}\cos(\theta-\alpha)$$

と表すことができる。ただし，α は

$$\sin\alpha=\frac{\boxed{\text{ク}}}{\sqrt{\boxed{\text{キ}}}},\quad \cos\alpha=\frac{\boxed{\text{ケ}}}{\sqrt{\boxed{\text{キ}}}},\quad 0<\alpha<\frac{\pi}{2}$$

を満たすものとする。このとき，y は $\theta=\boxed{\text{コ}}$ で最大値 $\sqrt{\boxed{\text{サ}}}$ をとる。

(iii)　$p<0$ のとき，y は $\theta=$ [シ] で最大値 [ス] をとる。

[キ] ～ [ケ]，[サ]，[ス] の解答群（同じものを繰り返し選んでもよい。）

⓪ -1	① 1	② $-p$
③ p	④ $1-p$	⑤ $1+p$
⑥ $-p^2$	⑦ p^2	⑧ $1-p^2$
⑨ $1+p^2$	ⓐ $(1-p)^2$	ⓑ $(1+p)^2$

[コ]，[シ] の解答群（同じものを繰り返し選んでもよい。）

⓪ 0	① α	② $\dfrac{\pi}{2}$

〔2〕 二つの関数 $f(x)=\dfrac{2^x+2^{-x}}{2}$，$g(x)=\dfrac{2^x-2^{-x}}{2}$ について考える。

(1) $f(0)=$ セ ，$g(0)=$ ソ である。また，$f(x)$ は相加平均と相乗平均の関係から，$x=$ タ で最小値 チ をとる。

$g(x)=-2$ となる x の値は $\log_2\left(\sqrt{\boxed{ツ}}-\boxed{テ}\right)$ である。

(2) 次の①～④は，x にどのような値を代入してもつねに成り立つ。

$f(-x)=$ ト ………①

$g(-x)=$ ナ ………②

$\{f(x)\}^2-\{g(x)\}^2=$ ニ ………③

$g(2x)=$ ヌ $f(x)g(x)$ ………④

ト ， ナ の解答群（同じものを繰り返し選んでもよい。）

⓪ $f(x)$	① $-f(x)$	② $g(x)$	③ $-g(x)$

(3) 花子さんと太郎さんは，$f(x)$ と $g(x)$ の性質について話している。

花子：①〜④は三角関数の性質に似ているね。

太郎：三角関数の加法定理に類似した式(A)〜(D)を考えてみたけど，つねに成り立つ式はあるだろうか。

花子：成り立たない式を見つけるために，式(A)〜(D)の β に何か具体的な値を代入して調べてみたらどうかな。

太郎さんが考えた式

$$f(\alpha-\beta)=f(\alpha)g(\beta)+g(\alpha)f(\beta) \quad \cdots\cdots\cdots(A)$$

$$f(\alpha+\beta)=f(\alpha)f(\beta)+g(\alpha)g(\beta) \quad \cdots\cdots\cdots(B)$$

$$g(\alpha-\beta)=f(\alpha)f(\beta)+g(\alpha)g(\beta) \quad \cdots\cdots\cdots(C)$$

$$g(\alpha+\beta)=f(\alpha)g(\beta)-g(\alpha)f(\beta) \quad \cdots\cdots\cdots(D)$$

(1)，(2)で示されたことのいくつかを利用すると，式(A)〜(D)のうち，**［ネ］** 以外の三つは成り立たないことがわかる。［ネ］は左辺と右辺をそれぞれ計算することによって成り立つことが確かめられる。

［ネ］の解答群

⓪ (A)	① (B)	② (C)	③ (D)

問題編

2021年（第1日程）

予想問題・第1回

予想問題・第2回

予想問題・第3回

第2問 (必答問題)(配点　30)

(1) 座標平面上で，次の二つの2次関数のグラフについて考える。

$y=3x^2+2x+3$ ………①

$y=2x^2+2x+3$ ………②

①，②の2次関数のグラフには次の**共通点**がある。

共通点

- y 軸との交点の y 座標は [ア] である。
- y 軸との交点における接線の方程式は $y=$ [イ] $x+$ [ウ] である。

次の⓪～⑤の2次関数のグラフのうち，y 軸との交点における接線の方程式が $y=$ [イ] $x+$ [ウ] となるものは [エ] である。

[エ] の解答群

⓪ $y=3x^2-2x-3$	① $y=-3x^2+2x-3$
② $y=2x^2+2x-3$	③ $y=2x^2-2x+3$
④ $y=-x^2+2x+3$	⑤ $y=-x^2-2x+3$

a，b，c を0でない実数とする。

曲線 $y=ax^2+bx+c$ 上の点 $\left(0,\ [オ]\right)$ における接線を ℓ とすると，その方程式は $y=$ [カ] $x+$ [キ] である。

接線 ℓ と x 軸との交点の x 座標は $\dfrac{[クケ]}{[コ]}$ である。

a，b，c が正の実数であるとき，曲線 $y = ax^2 + bx + c$ と接線 ℓ および直線 $x = \dfrac{\boxed{\text{クケ}}}{\boxed{\text{コ}}}$ で囲まれた図形の面積を S とすると

$$S = \frac{ac^{\boxed{\text{サ}}}}{\boxed{\text{シ}}\,b^{\boxed{\text{ス}}}} \qquad \cdots\cdots\cdots ③$$

である。

③において，$a = 1$ とし，S の値が一定となるように正の実数 b，c の値を変化させる。このとき，b と c の関係を表すグラフの概形は $\boxed{\text{セ}}$ である。

$\boxed{\text{セ}}$ については，最も適当なものを，次の⓪～⑤のうちから一つ選べ。

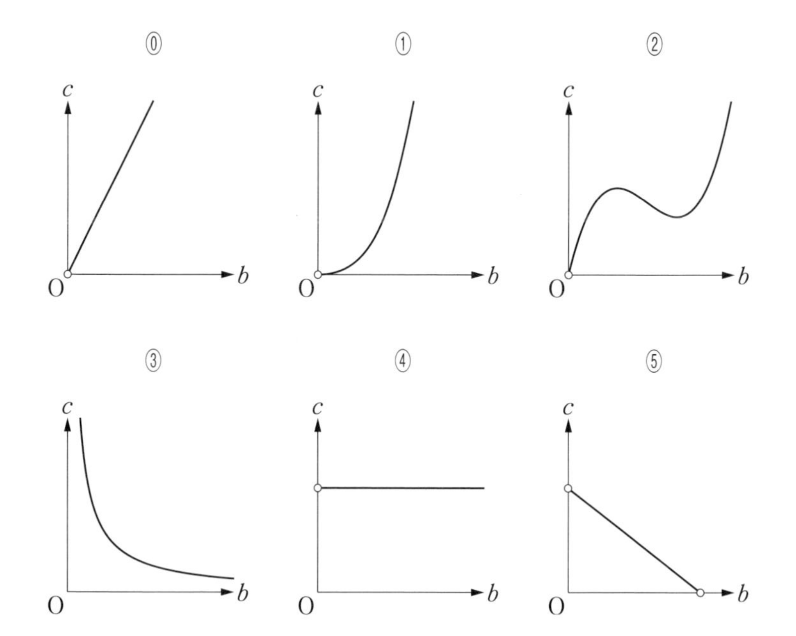

(2) 座標平面上で，次の三つの3次関数のグラフについて考える。

$y = 4x^3 + 2x^2 + 3x + 5$ ………④

$y = -2x^3 + 7x^2 + 3x + 5$ ………⑤

$y = 5x^3 - x^2 + 3x + 5$ ………⑥

④，⑤，⑥の3次関数のグラフには次の**共通点**がある。

共通点

- y軸との交点のy座標は［ソ］である。
- y軸との交点における接線の方程式は$y =$［タ］$x +$［チ］である。

a，b，c，dを0でない実数とする。

曲線$y = ax^3 + bx^2 + cx + d$上の点$(0,$［ツ］$)$における接線の方程式は$y =$［テ］$x +$［ト］である。

次に，$f(x)=ax^3+bx^2+cx+d$，$g(x)=\boxed{\text{テ}}\,x+\boxed{\text{ト}}$ とし，$f(x)-g(x)$ について考える。

$h(x)=f(x)-g(x)$ とおく。a，b，c，d が正の実数であるとき，$y=h(x)$ のグラフの概形は $\boxed{\text{ナ}}$ である。

$y=f(x)$ のグラフと $y=g(x)$ のグラフの共有点の x 座標は $\dfrac{\boxed{\text{ニヌ}}}{\boxed{\text{ネ}}}$ と $\boxed{\text{ノ}}$ である。また，x が $\dfrac{\boxed{\text{ニヌ}}}{\boxed{\text{ネ}}}$ と $\boxed{\text{ノ}}$ の間を動くとき，$|f(x)-g(x)|$ の値が最大となるのは，$x=\dfrac{\boxed{\text{ハヒフ}}}{\boxed{\text{ヘホ}}}$ のときである。

$\boxed{\text{ナ}}$ については，最も適当なものを，次の⓪～⑤のうちから一つ選べ。

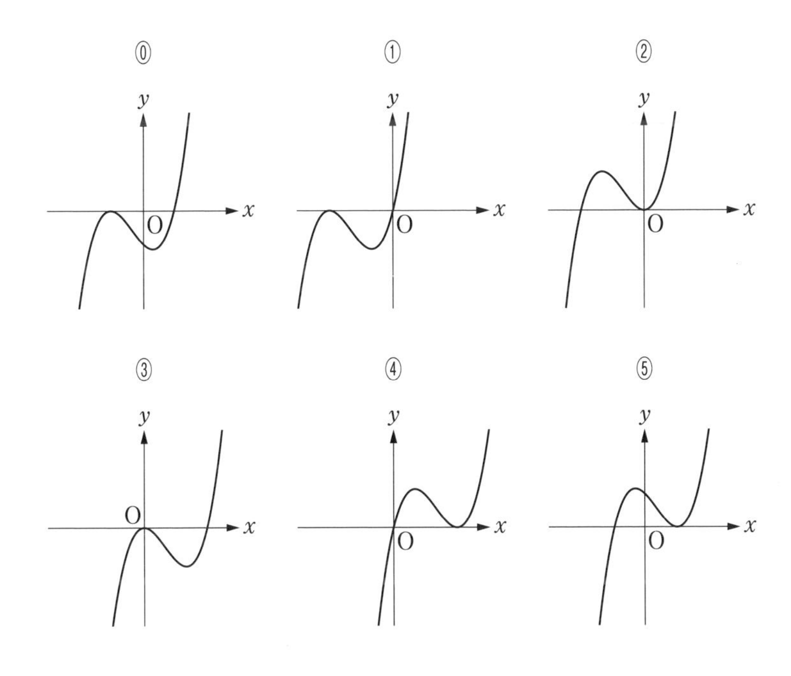

第3問 (選択問題) (配点　20)

以下の問題を解答するにあたっては，必要に応じて13ページの正規分布表を用いてもよい。

Q高校の校長先生は，ある日，新聞で高校生の読書に関する記事を読んだ。そこで，Q高校の生徒全員を対象に，直前の1週間の読書時間に関して，100人の生徒を無作為に抽出して調査を行った。その結果，100人の生徒のうち，この1週間に全く読書をしなかった生徒が36人であり，100人の生徒のこの1週間の読書時間（分）の平均値は204であった。Q高校の生徒全員のこの1週間の読書時間の母平均を m，母標準偏差を150とする。

(1) 全く読書をしなかった生徒の母比率を0.5とする。このとき，100人の無作為標本のうちで全く読書をしなかった生徒の数を表す確率変数を X とすると，X は［ア］に従う。また，X の平均（期待値）は［イウ］，標準偏差は［エ］である。

［ア］については，最も適当なものを，次の⓪～⑤のうちから一つ選べ。

⓪ 正規分布 $N(0,\ 1)$	① 二項分布 $B(0,\ 1)$
② 正規分布 $N(100,\ 0.5)$	③ 二項分布 $B(100,\ 0.5)$
④ 正規分布 $N(100,\ 36)$	⑤ 二項分布 $B(100,\ 36)$

(2) 標本の大きさ100は十分に大きいので，100人のうち全く読書をしなかった生徒の数は近似的に正規分布に従う。

全く読書をしなかった生徒の母比率を0.5とするとき，全く読書をしなかった生徒が36人以下となる確率を p_5 とおく。p_5 の近似値を求めると，$p_5 =$ オ である。

また，全く読書をしなかった生徒の母比率を0.4とするとき，全く読書をしなかった生徒が36人以下となる確率を p_4 とおくと，カ である。

オ については，最も適当なものを，次の⓪～⑤のうちから一つ選べ。

⓪ 0.001　① 0.003　② 0.026
③ 0.050　④ 0.133　⑤ 0.497

カ の解答群

⓪ $p_4 < p_5$　① $p_4 = p_5$　② $p_4 > p_5$

(3) 1週間の読書時間の母平均 m に対する信頼度95％の信頼区間を $C_1 \leqq m \leqq C_2$ とする。標本の大きさ100は十分大きいことと，1週間の読書時間の標本平均が204，母標準偏差が150であることを用いると，$C_1 + C_2 =$ キクケ，$C_2 - C_1 =$ コサ．シ であることがわかる。

また，母平均 m と C_1，C_2 については，ス。

ス の解答群

⓪ $C_1 \leqq m \leqq C_2$ が必ず成り立つ
① $m \leqq C_2$ は必ず成り立つが，$C_1 \leqq m$ が成り立つとは限らない
② $C_1 \leqq m$ は必ず成り立つが，$m \leqq C_2$ が成り立つとは限らない
③ $C_1 \leqq m$ も $m \leqq C_2$ も成り立つとは限らない

(4) Q高校の図書委員長も，校長先生と同じ新聞記事を読んだため，校長先生が調査をしていることを知らずに，図書委員会として校長先生と同様の調査を独自に行った。ただし，調査期間は校長先生による調査と同じ直前の1週間であり，対象をQ高校の生徒全員として100人の生徒を無作為に抽出した。その調査における，全く読書をしなかった生徒の数を n とする。

校長先生の調査結果によると全く読書をしなかった生徒は36人であり，［セ］。

［セ］の解答群

⓪ n は必ず36に等しい	① n は必ず36未満である
② n は必ず36より大きい	③ n と36との大小はわからない

(5) (4)の図書委員会が行った調査結果による母平均 m に対する信頼度95%の信頼区間を $D_1 \leqq m \leqq D_2$，校長先生が行った調査結果による母平均 m に対する信頼度95%の信頼区間を(3)の $C_1 \leqq m \leqq C_2$ とする。ただし，母集団は同一であり，1週間の読書時間の母標準偏差は150とする。

このとき，次の⓪～⑤のうち，正しいものは［ソ］と［タ］である。

［ソ］，［タ］の解答群（解答の順序は問わない。）

⓪ $C_1 = D_1$ と $C_2 = D_2$ が必ず成り立つ。

① $C_1 < D_2$ または $D_1 < C_2$ のどちらか一方のみが必ず成り立つ。

② $D_2 < C_1$ または $C_2 < D_1$ となる場合もある。

③ $C_2 - C_1 > D_2 - D_1$ が必ず成り立つ。

④ $C_2 - C_1 = D_2 - D_1$ が必ず成り立つ。

⑤ $C_2 - C_1 < D_2 - D_1$ が必ず成り立つ。

正 規 分 布 表

次の表は，標準正規分布の分布曲線における右図の灰色部分の面積の値をまとめたものである。

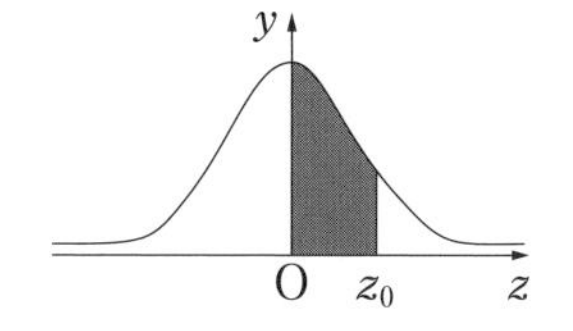

z_0	0.00	0.01	0.02	0.03	0.04	0.05	0.06	0.07	0.08	0.09
0.0	0.0000	0.0040	0.0080	0.0120	0.0160	0.0199	0.0239	0.0279	0.0319	0.0359
0.1	0.0398	0.0438	0.0478	0.0517	0.0557	0.0596	0.0636	0.0675	0.0714	0.0753
0.2	0.0793	0.0832	0.0871	0.0910	0.0948	0.0987	0.1026	0.1064	0.1103	0.1141
0.3	0.1179	0.1217	0.1255	0.1293	0.1331	0.1368	0.1406	0.1443	0.1480	0.1517
0.4	0.1554	0.1591	0.1628	0.1664	0.1700	0.1736	0.1772	0.1808	0.1844	0.1879
0.5	0.1915	0.1950	0.1985	0.2019	0.2054	0.2088	0.2123	0.2157	0.2190	0.2224
0.6	0.2257	0.2291	0.2324	0.2357	0.2389	0.2422	0.2454	0.2486	0.2517	0.2549
0.7	0.2580	0.2611	0.2642	0.2673	0.2704	0.2734	0.2764	0.2794	0.2823	0.2852
0.8	0.2881	0.2910	0.2939	0.2967	0.2995	0.3023	0.3051	0.3078	0.3106	0.3133
0.9	0.3159	0.3186	0.3212	0.3238	0.3264	0.3289	0.3315	0.3340	0.3365	0.3389
1.0	0.3413	0.3438	0.3461	0.3485	0.3508	0.3531	0.3554	0.3577	0.3599	0.3621
1.1	0.3643	0.3665	0.3686	0.3708	0.3729	0.3749	0.3770	0.3790	0.3810	0.3830
1.2	0.3849	0.3869	0.3888	0.3907	0.3925	0.3944	0.3962	0.3980	0.3997	0.4015
1.3	0.4032	0.4049	0.4066	0.4082	0.4099	0.4115	0.4131	0.4147	0.4162	0.4177
1.4	0.4192	0.4207	0.4222	0.4236	0.4251	0.4265	0.4279	0.4292	0.4306	0.4319
1.5	0.4332	0.4345	0.4357	0.4370	0.4382	0.4394	0.4406	0.4418	0.4429	0.4441
1.6	0.4452	0.4463	0.4474	0.4484	0.4495	0.4505	0.4515	0.4525	0.4535	0.4545
1.7	0.4554	0.4564	0.4573	0.4582	0.4591	0.4599	0.4608	0.4616	0.4625	0.4633
1.8	0.4641	0.4649	0.4656	0.4664	0.4671	0.4678	0.4686	0.4693	0.4699	0.4706
1.9	0.4713	0.4719	0.4726	0.4732	0.4738	0.4744	0.4750	0.4756	0.4761	0.4767
2.0	0.4772	0.4778	0.4783	0.4788	0.4793	0.4798	0.4803	0.4808	0.4812	0.4817
2.1	0.4821	0.4826	0.4830	0.4834	0.4838	0.4842	0.4846	0.4850	0.4854	0.4857
2.2	0.4861	0.4864	0.4868	0.4871	0.4875	0.4878	0.4881	0.4884	0.4887	0.4890
2.3	0.4893	0.4896	0.4898	0.4901	0.4904	0.4906	0.4909	0.4911	0.4913	0.4916
2.4	0.4918	0.4920	0.4922	0.4925	0.4927	0.4929	0.4931	0.4932	0.4934	0.4936
2.5	0.4938	0.4940	0.4941	0.4943	0.4945	0.4946	0.4948	0.4949	0.4951	0.4952
2.6	0.4953	0.4955	0.4956	0.4957	0.4959	0.4960	0.4961	0.4962	0.4963	0.4964
2.7	0.4965	0.4966	0.4967	0.4968	0.4969	0.4970	0.4971	0.4972	0.4973	0.4974
2.8	0.4974	0.4975	0.4976	0.4977	0.4977	0.4978	0.4979	0.4979	0.4980	0.4981
2.9	0.4981	0.4982	0.4982	0.4983	0.4984	0.4984	0.4985	0.4985	0.4986	0.4986
3.0	0.4987	0.4987	0.4987	0.4988	0.4988	0.4989	0.4989	0.4989	0.4990	0.4990

第４問 (選択問題) (配点　20)

初項3，公差pの等差数列を$\{a_n\}$とし，初項3，公比rの等比数列を$\{b_n\}$とする。ただし，$p \neq 0$かつ$r \neq 0$とする。さらに，これらの数列が次を満たすとする。

$$a_n b_{n+1} - 2a_{n+1} b_n + 3b_{n+1} = 0 \quad (n = 1,\ 2,\ 3,\ \cdots) \quad \cdots\cdots\cdots ①$$

(1) pとrの値を求めよう。自然数nについて，a_n，a_{n+1}，b_nはそれぞれ

$$a_n = \boxed{\text{ア}} + (n-1)p \quad \cdots\cdots\cdots ②$$

$$a_{n+1} = \boxed{\text{ア}} + np \quad \cdots\cdots\cdots ③$$

$$b_n = \boxed{\text{イ}}\, r^{n-1}$$

と表される。$r \neq 0$により，すべての自然数nについて，$b_n \neq 0$となる。

$\dfrac{b_{n+1}}{b_n} = r$であることから，①の両辺をb_nで割ることにより

$$\boxed{\text{ウ}}\, a_{n+1} = r\left(a_n + \boxed{\text{エ}}\right) \quad \cdots\cdots\cdots ④$$

が成り立つことがわかる。④に②と③を代入すると

$$\left(r - \boxed{\text{オ}}\right)pn = r\left(p - \boxed{\text{カ}}\right) + \boxed{\text{キ}} \quad \cdots\cdots\cdots ⑤$$

となる。⑤がすべてのnで成り立つことおよび$p \neq 0$により，$r = \boxed{\text{オ}}$を得る。さらに，このことから，$p = \boxed{\text{ク}}$を得る。

以上から，すべての自然数nについて，a_nとb_nが正であることもわかる。

(2) $p = \boxed{\text{ク}}$，$r = \boxed{\text{オ}}$であることから，$\{a_n\}$，$\{b_n\}$の初項から第n項までの和は，それぞれ次の式で与えられる。

$$\sum_{k=1}^{n} a_k = \frac{\boxed{\text{ケ}}}{\boxed{\text{コ}}}\, n\left(n + \boxed{\text{サ}}\right)$$

$$\sum_{k=1}^{n} b_k = \boxed{\text{シ}}\left(\boxed{\text{オ}}^{\,n} - \boxed{\text{ス}}\right)$$

(3) 数列$\{a_n\}$に対して，初項3の数列$\{c_n\}$が次を満たすとする。

$$a_n c_{n+1} - 4a_{n+1} c_n + 3c_{n+1} = 0 \quad (n=1,\ 2,\ 3,\ \cdots) \qquad \cdots\cdots⑥$$

a_nが正であることから，⑥を変形して，$c_{n+1} = \dfrac{\boxed{セ}\,a_{n+1}}{a_n + \boxed{ソ}} c_n$を得る。

さらに，$p=\boxed{ク}$であることから，数列$\{c_n\}$は$\boxed{タ}$ことがわかる。

$\boxed{タ}$の解答群

⓪ すべての項が同じ値をとる数列である
① 公差が0でない等差数列である
② 公比が1より大きい等比数列である
③ 公比が1より小さい等比数列である
④ 等差数列でも等比数列でもない

(4) q，uは定数で，$q \neq 0$とする。数列$\{b_n\}$に対して，初項3の数列$\{d_n\}$が次を満たすとする。

$$d_n b_{n+1} - q d_{n+1} b_n + u b_{n+1} = 0 \quad (n=1,\ 2,\ 3,\ \cdots) \qquad \cdots\cdots⑦$$

$r=\boxed{オ}$であることから，⑦を変形して，$d_{n+1} = \dfrac{\boxed{チ}}{q}(d_n + u)$を得る。したがって，数列$\{d_n\}$が，公比が0より大きく1より小さい等比数列となるための必要十分条件は，$q > \boxed{ツ}$かつ$u = \boxed{テ}$である。

第5問 (選択問題) (配点　20)

1辺の長さが1の正五角形の対角線の長さを a とする。

(1)　1辺の長さが1の正五角形 $\mathrm{OA_1B_1C_1A_2}$ を考える。

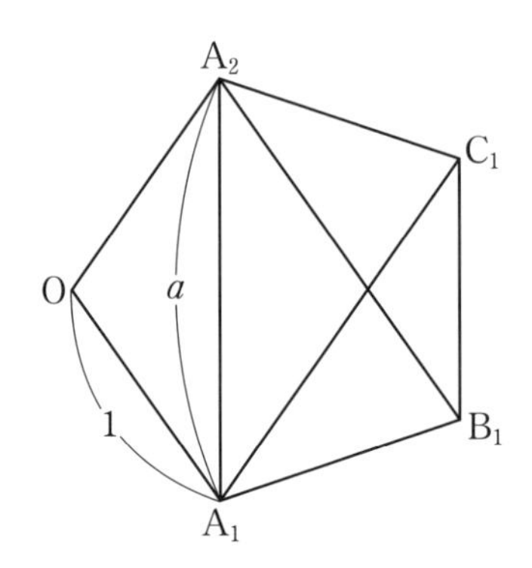

$\angle \mathrm{A_1C_1B_1} =$ **アイ**°，$\angle \mathrm{C_1A_1A_2} =$ アイ°となることから，$\overrightarrow{\mathrm{A_1A_2}}$ と $\overrightarrow{\mathrm{B_1C_1}}$ は平行である。ゆえに

$$\overrightarrow{\mathrm{A_1A_2}} = \boxed{\text{ウ}}\,\overrightarrow{\mathrm{B_1C_1}}$$

であるから

$$\overrightarrow{\mathrm{B_1C_1}} = \frac{1}{\boxed{\text{ウ}}}\overrightarrow{\mathrm{A_1A_2}} = \frac{1}{\boxed{\text{ウ}}}\left(\overrightarrow{\mathrm{OA_2}} - \overrightarrow{\mathrm{OA_1}}\right)$$

また，$\overrightarrow{\mathrm{OA_1}}$ と $\overrightarrow{\mathrm{A_2B_1}}$ は平行で，さらに，$\overrightarrow{\mathrm{OA_2}}$ と $\overrightarrow{\mathrm{A_1C_1}}$ も平行であることから

$$\begin{aligned}\overrightarrow{\mathrm{B_1C_1}} &= \overrightarrow{\mathrm{B_1A_2}} + \overrightarrow{\mathrm{A_2O}} + \overrightarrow{\mathrm{OA_1}} + \overrightarrow{\mathrm{A_1C_1}} \\ &= -\boxed{\text{ウ}}\,\overrightarrow{\mathrm{OA_1}} - \overrightarrow{\mathrm{OA_2}} + \overrightarrow{\mathrm{OA_1}} + \boxed{\text{ウ}}\,\overrightarrow{\mathrm{OA_2}} \\ &= \left(\boxed{\text{エ}} - \boxed{\text{オ}}\right)\left(\overrightarrow{\mathrm{OA_2}} - \overrightarrow{\mathrm{OA_1}}\right)\end{aligned}$$

となる。したがって

$$\frac{1}{\boxed{\text{ウ}}} = \boxed{\text{エ}} - \boxed{\text{オ}}$$

が成り立つ。$a > 0$ に注意してこれを解くと，$a = \dfrac{1+\sqrt{5}}{2}$ を得る。

(2) 下の図のような，1辺の長さが1の正十二面体を考える。正十二面体とは，どの面もすべて合同な正五角形であり，どの頂点にも三つの面が集まっているへこみのない多面体のことである。

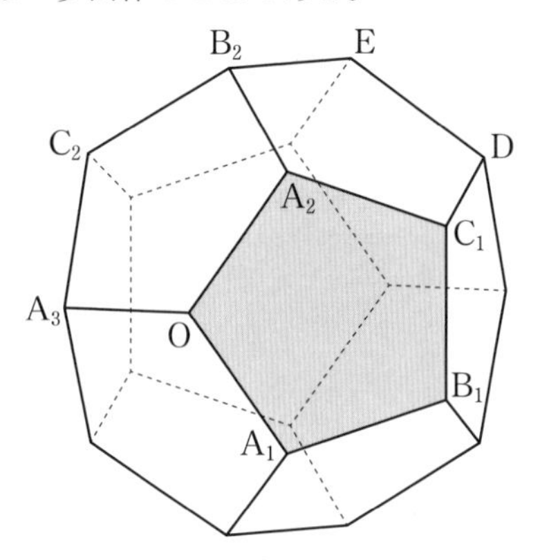

面 $OA_1B_1C_1A_2$ に着目する。$\overrightarrow{OA_1}$ と $\overrightarrow{A_2B_1}$ が平行であることから

$$\overrightarrow{OB_1} = \overrightarrow{OA_2} + \overrightarrow{A_2B_1} = \overrightarrow{OA_2} + \boxed{\text{ウ}}\,\overrightarrow{OA_1}$$

である。また

$$|\overrightarrow{OA_2} - \overrightarrow{OA_1}|^2 = |\overrightarrow{A_1A_2}|^2 = \frac{\boxed{\text{カ}} + \sqrt{\boxed{\text{キ}}}}{\boxed{\text{ク}}}$$

に注意すると

$$\overrightarrow{OA_1} \cdot \overrightarrow{OA_2} = \frac{\boxed{\text{ケ}} - \sqrt{\boxed{\text{コ}}}}{\boxed{\text{サ}}}$$

を得る。

ただし，$\boxed{\text{カ}}$ ～ $\boxed{\text{サ}}$ は，文字 a を用いない形で答えること。

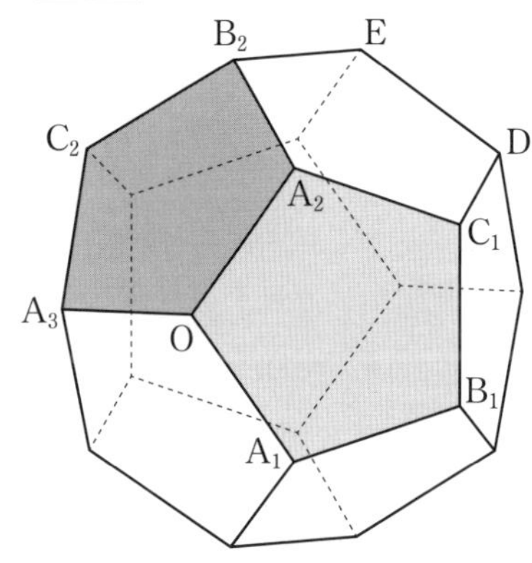

次に，面 $OA_2B_2C_2A_3$ に着目すると

$$\overrightarrow{OB_2} = \overrightarrow{OA_3} + \boxed{\text{ウ}}\,\overrightarrow{OA_2}$$

である。さらに

$$\overrightarrow{OA_2} \cdot \overrightarrow{OA_3} = \overrightarrow{OA_3} \cdot \overrightarrow{OA_1} = \frac{\boxed{\text{ケ}} - \sqrt{\boxed{\text{コ}}}}{\boxed{\text{サ}}}$$

が成り立つことがわかる。ゆえに

$$\overrightarrow{OA_1} \cdot \overrightarrow{OB_2} = \boxed{\text{シ}},\quad \overrightarrow{OB_1} \cdot \overrightarrow{OB_2} = \boxed{\text{ス}}$$

である。

$\boxed{\text{シ}}$，$\boxed{\text{ス}}$ の解答群（同じものを繰り返し選んでもよい。）

⓪ 0	① 1	② -1	③ $\dfrac{1+\sqrt{5}}{2}$
④ $\dfrac{1-\sqrt{5}}{2}$	⑤ $\dfrac{-1+\sqrt{5}}{2}$	⑥ $\dfrac{-1-\sqrt{5}}{2}$	⑦ $-\dfrac{1}{2}$
⑧ $\dfrac{-1+\sqrt{5}}{4}$	⑨ $\dfrac{-1-\sqrt{5}}{4}$		

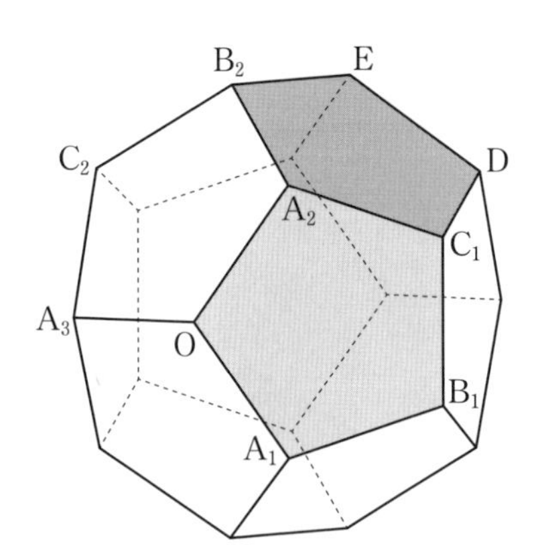

最後に，面 $A_2C_1DEB_2$ に着目する。

$$\overrightarrow{B_2D} = \boxed{\text{ウ}}\,\overrightarrow{A_2C_1} = \overrightarrow{OB_1}$$

であることに注意すると，4点 O，B_1，D，B_2 は同一平面上にあり，四角形 OB_1DB_2 は $\boxed{\text{セ}}$ ことがわかる。

セ の解答群

⓪ 正方形である

① 正方形ではないが，長方形である

② 正方形ではないが，ひし形である

③ 長方形でもひし形でもないが，平行四辺形である

④ 平行四辺形ではないが，台形である

⑤ 台形でない

ただし，少なくとも一組の対辺が平行な四角形を台形という。

予想問題
第1回

100点／60分

＊「第１問」「第２問」は必答です。
＊「第３問」「第４問」「第５問」は、いずれか２問を選択して解答してください。

第1問（必答問題）（配点　30）

〔1〕

(1) すべての実数 x に対して

$$\sin x\cos x = \boxed{\text{ア}}$$

が成り立つ。

$\boxed{\text{ア}}$ の解答群

⓪ $\cos 2x$	① $\sin 2x$	② $\frac{1}{2}\cos 2x$	③ $\frac{1}{2}\sin 2x$

(2) x を実数として，$\sin x\cos x$ がとりうることができる値の範囲は

$$\boxed{\text{イ}} \leqq \sin x\cos x \leqq \boxed{\text{ウ}}$$

である。

$\boxed{\text{イ}}$，$\boxed{\text{ウ}}$ の解答群

⓪ -1	① $-\frac{\sqrt{3}}{2}$	② $-\frac{1}{2}$	③ 0
④ $\frac{1}{2}$	⑤ $\frac{\sqrt{3}}{2}$	⑥ $\frac{\sqrt{3}}{4}$	⑦ 1

(3) 次の**問題 A** について考えよう。

> **問題 A** 関数 $y = \tan x + \dfrac{1}{\tan x}$ $\left(\dfrac{\pi}{12} \leqq x \leqq \dfrac{\pi}{6}\right)$ の最大値と最小値を求めよ。

この**問題 A** について，太郎さんと花子さんが考察している。

> 太郎：相加平均と相乗平均の関係が使えそうだけど。
> 花子：いや，y を $\sin x$ と $\cos x$ で表せば求まりそうだよ。

y のとりうる値の最大値は [エ] である。
y のとりうる値の最小値は [オ] である。

[エ]，[オ] の解答群

⓪ -2	① $\dfrac{1}{3}$	② $\dfrac{\sqrt{3}}{4}$	③ $\dfrac{1}{2}$
④ $\dfrac{\sqrt{3}}{3}$	⑤ $\dfrac{2\sqrt{3}}{3}$	⑥ $\sqrt{3}$	⑦ 2
⑧ $\dfrac{4\sqrt{3}}{3}$	⑨ 3	ⓐ $2\sqrt{3}$	ⓑ 4

問題編
2021年（第1日程）
予想問題・第1回
予想問題・第2回
予想問題・第3回

(4) 次の**問題B**について考えよう。

問題B $\cos\frac{\pi}{9}\cos\frac{2}{9}\pi\cos\frac{4}{9}\pi$ の値を求めよ。

$$\sin\frac{\pi}{9}\cos\frac{\pi}{9}=\frac{1}{\boxed{カ}}\sin\boxed{キ}$$

$$\sin\frac{2}{9}\pi\cos\frac{2}{9}\pi=\frac{1}{\boxed{ク}}\sin\boxed{ケ}$$

$$\sin\frac{4}{9}\pi\cos\frac{4}{9}\pi=\frac{1}{\boxed{コ}}\sin\boxed{サ}$$

ただし，$\boxed{キ}$，$\boxed{ケ}$，$\boxed{サ}$ には0より大きく $\frac{\pi}{2}$ より小さい角が入る。

上の3つの等式に注意して，$\cos\frac{\pi}{9}\cos\frac{2}{9}\pi\cos\frac{4}{9}\pi=\frac{\boxed{シ}}{\boxed{ス}}$ である。

$\boxed{キ}$，$\boxed{ケ}$，$\boxed{サ}$ の解答群（同じものを繰り返し選んでもよい。）

⓪ $\frac{\pi}{9}$　① $\frac{2}{9}\pi$　② $\frac{\pi}{3}$　③ $\frac{4}{9}\pi$

〔2〕　2つの目盛りを定義する。

0以上の値Xに対して，数直線で原点Oと点Pの距離が　OP$=X$となるような点Pが表す座標をXとして，目盛りを0，1，2，3，……のようにして考えることができる。

このような目盛りを「ものさし目盛り」と呼ぶことにする。

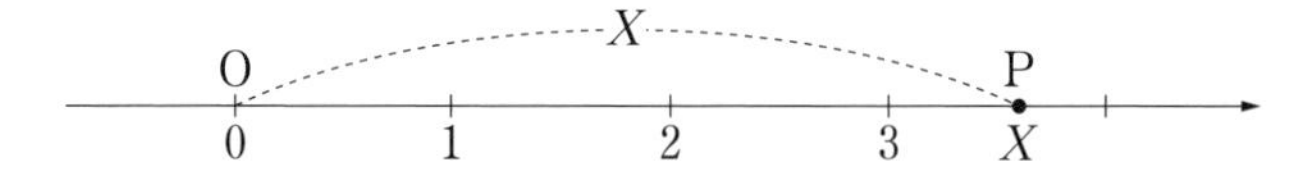

これに対し，1以上の値Xに対して，数直線で原点Oと点Pの距離OP$=\log_{10}X$となるような点Pが表す座標を$\log_{10}X$として，目盛りを$\log_{10}1$，$\log_{10}10$，$\log_{10}10^2$，$\log_{10}10^3$，……のように考えることもできる。

このような目盛りを「対数目盛り」と呼ぶことにする。

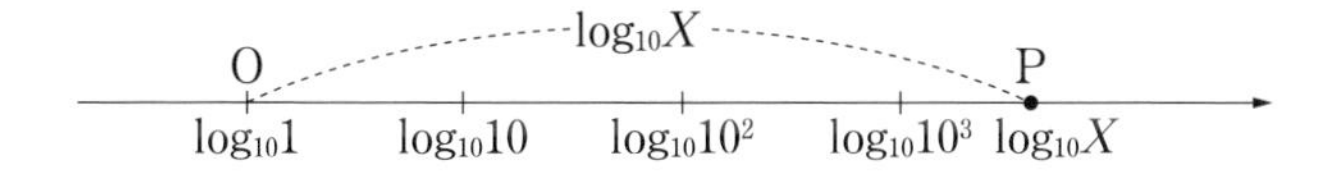

たとえば，2^{10}（$=1024$）について

$10^3<2^{10}<10^4$ より，$\log_{10}10^3<\log_{10}2^{10}<\log_{10}10^4$ となる。

対数目盛りで考えると，$3<\log_{10}2^{10}<4$ であるから 2^{10} は目盛りが3と4の間にあることがわかる。

$\log_{10}2=0.3010$ として以下の問いに答えよ。

(1)　2^{100} を対数目盛りで表すと

目盛りが **セソ** と セソ $+1$ の間にある。

ただし，セソ は正の整数である。

2^{100} は **タチ** 桁の整数であることもわかる。

(2)　2つの値 2^{10}, 2^{100} について，

「ものさし目盛り」について，幅は $2^{100}-2^{10}$ である。

「対数目盛り」について，幅は $\log_{10}2^{100}-\log_{10}2^{10}=$ [ツ] である。

2^{10} を約 [テ] 倍すると 2^{100} になることもわかる。

[ツ] の解答群

⓪ $\log_{10}(2^{100}-2^{10})$	① $\log_{10}2^{5}$	② $\log_{10}2^{9}$
③ $\log_{10}2^{10}$	④ $\log_{10}2^{50}$	⑤ $\log_{10}2^{90}$

[テ] の解答群

⓪ 10^{9}	① 10^{15}	② 10^{21}
③ 10^{27}	④ 10^{33}	⑤ 10^{39}

(3)　関数 $y=2^x$ について，座標平面でグラフ上の点を $(x,\ y)$ とすると

$x=0$ ならば $y=$ [ト] であるから，点(0, [ト])を通る。

$x=10$ ならば $y=2^{10}=1024$ であるから，点 $(10,\ 1024)$ を通る。

座標平面において，x 軸（横軸），y 軸（縦軸）の両方の目盛りをものさし目盛りで考えることに対し，x 軸（横軸）の目盛りをものさし目盛り，縦軸の目盛りを対数目盛りにしてグラフにしたものを「片対数グラフ」という。

関数 $y=2^x$ について，片対数グラフ上の点を $(x,\ Y)$ とすると

$x=0$ ならば $Y=\log_{10}$ [ト] $=$ [ナ] であるから

点(0, [ナ])を通る。

$x=10$ ならば $Y=\log_{10}2^{10}=10\log_{10}2$ であるから

点 $(10,\ 10\log_{10}2)$ を通る。

$0 \leqq x \leqq 10$ の範囲でグラフの概形を考える。

$y = 2^x$ の片対数グラフの概形は [ニ] である。

また，横軸，縦軸の両方の目盛りを対数目盛りにしてグラフにしたものを「両対数グラフ」という。

$y = 2^x$ の両対数グラフの概形は [ヌ] である。

[ニ]，[ヌ] については最も適当なものを，次の⓪～⑤のうちから一つ選べ。なお，横軸と縦軸は省略してある。

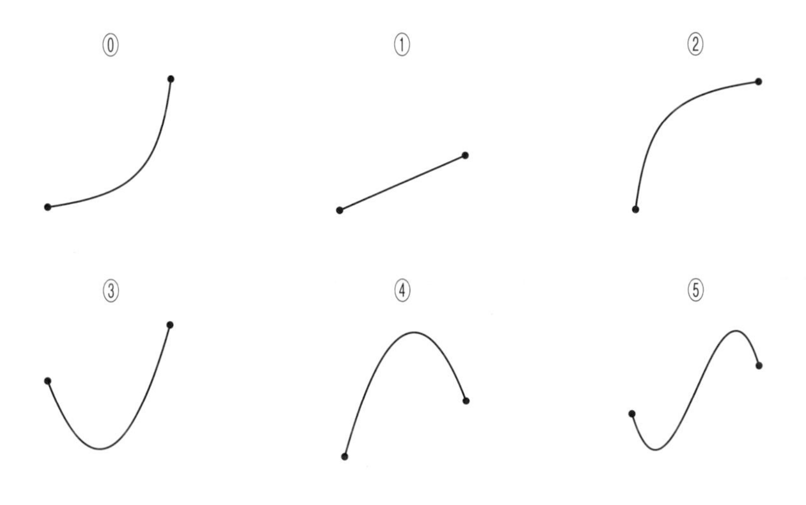

第2問 (必答問題) (配点　30)

〔1〕

(1)　関数 $f(x) = 4x^3 - 3x$

について

すべての実数 x に対して $f(-x) =$ [ア] が成り立つ。

$f(x)$ は極値をもち極大値は [イ]，極小値は [ウエ] である。

[ア] の解答群

⓪ $f(x)$	① $-f(x)$	② $f(1+x)$	③ $f(1-x)$

(2)　a を実数の定数として，x の 3 次方程式

$$4x^3 - 3x - a = 0 \quad \cdots\cdots\cdots(*)$$

を考える。

(i)　$a = 0$ のとき $(*)$ の解は $x =$ [オ]，$\pm\dfrac{\sqrt{[カ]}}{[キ]}$ である。

(ii)　(＊)が3つの解α, β, γをもつとすると，(＊)の左辺は

$$4x^3-3x-a=\boxed{\text{ク}}(x-\alpha)(x-\beta)(x-\gamma)$$

と因数分解できる。

　このことから

$$\alpha+\beta+\gamma=\boxed{\text{ケ}}\quad\cdots\cdots\cdots①$$

である。

　次の(I)，(II)は①が成り立つことの(＊)の解α, β, γに関する記述である。(I)，(II)の正誤の組合せとして正しいものは［コ］である。

(I)　(＊)が重解をもつときも①は成り立つ。

　　ただし，重解とはα, β, γのうち少なくとも2つが同じ値になることである。

(II)　(＊)が虚数の解をもつときも①は成り立つ。

［コ］の解答群

	⓪	①	②	③
(I)	正	正	誤	誤
(II)	正	誤	正	誤

問題編

2021年(第1日程)

予想問題・第1回

予想問題・第2回

予想問題・第3回

(iii) (＊)が異なる3つの実数解 α, β, γ をもち, $\alpha<\beta\leqq 0<\gamma$ とする。つまり, (＊)が0以下の異なる2つの解 α, β と正の解 γ をもつ。このとき, a のとりうる値の範囲は

[サ] $\leqq a <$ [シ]

である。

正の解 γ のとりうる値の範囲は

[ス] $\leqq \gamma <$ [セ]

である。

これらのことと①より, $|\alpha|+|\beta|+|\gamma|$ のとりうる値の範囲は

[ソ] $\leqq |\alpha|+|\beta|+|\gamma| <$ [タ]

である。

[サ] ～ [タ] の解答群（同じものを繰り返し選んでもよい。）

⓪ -2	① $-\sqrt{3}$	② -1	③ $-\dfrac{\sqrt{3}}{2}$
④ $-\dfrac{1}{2}$	⑤ 0	⑥ $\dfrac{1}{2}$	⑦ $\dfrac{\sqrt{3}}{2}$
⑧ 1	⑨ $\sqrt{3}$	ⓐ 2	ⓑ 4

(iv) $a=-\dfrac{1}{2}$ のとき(＊)は

$$4x^3-3x+\frac{1}{2}=0$$

となる。この3次方程式の解について太郎さんと花子さんが考察している。

太郎：有理数の解をもたなそうだから，因数定理は使えないか。
花子：三角関数の3倍角の公式がみえてくるよ。3つの解は-1より大きく1より小さいから解を$\cos\theta$とおけば求められそうだね。

$$4\cos^3\theta-3\cos\theta=\boxed{\text{チ}}$$

であり，3つの解は-1より大きく1より小さいから，解を

$$x=\cos\theta\ (0<\theta<\pi)$$

とおくと

$$\theta=\frac{\boxed{\text{ツ}}}{\boxed{\text{テ}}}\pi,\ \frac{\boxed{\text{ト}}}{\boxed{\text{テ}}}\pi,\ \frac{\boxed{\text{ナ}}}{\boxed{\text{テ}}}\pi$$

である。

よって，$a=-\dfrac{1}{2}$ のとき(＊)の解は

$$x=\cos\frac{\boxed{\text{ツ}}}{\boxed{\text{テ}}}\pi,\ \cos\frac{\boxed{\text{ト}}}{\boxed{\text{テ}}}\pi,\ \cos\frac{\boxed{\text{ナ}}}{\boxed{\text{テ}}}\pi$$

である。

チ の解答群

⓪ $\sin3\theta$	① $\cos3\theta$	② $\tan3\theta$

(3)　4点A$(-1,\ f(-1))$, B$(1,\ f(-1))$, C$(1,\ f(1))$, D$(-1,\ f(1))$を頂点とする四角形ABCDがある。

曲線$y=f(x)$と四角形ABCDの周（辺および頂点）との共有点は［ニ］個ある。

ただし，共有点は接する点も含むとする。

曲線$y=f(x)$と線分ACで囲まれた2つの部分の領域をKとする。

四角形ABCDの周または内部の領域内で領域Kは［ヌネ］%の割合を占める。

第3問～第5問は，いずれか2問を選択し，解答しなさい。

第3問 (選択問題) (配点　20)

〔1〕 確率変数 X は $-3 \leqq X \leqq 3$ の範囲でのみ値をとることができ，その確率密度関数は a を負の定数として

$$f(x)=a(x+3)(x-3)$$

とする。

ここで，n を自然数として x^n の不定積分は $\int x^n dx=\frac{1}{n+1}x^{n+1}+C$ (C は積分定数) である。

このとき

$\int_{-3}^{3} f(x)dx=$ ア であるから，$a=-\frac{1}{\text{イウ}}$ である。

X の平均 (期待値) $E(X)$ は エ である。

X の分散 $V(X)$ は $\frac{\text{オ}}{\text{カ}}$ である。

また，確率変数 Y は $-2 \leqq Y \leqq 2$ の範囲でのみ値をとることができ，その確率密度関数は，b を負の定数として

$$g(x)=b(x+2)(x-2)$$

とする。

このとき，X と Y の平均 (期待値)，および X と Y の分散の大小関係は

$E(X)$ キ $E(Y)$

$V(X)$ ク $V(Y)$

である。

キ，ク の解答群 (同じものを繰り返し選んでもよい。)

⓪ $>$	① $=$	② $<$

〔2〕 以下の問題を解答するにあたっては，必要に応じて36ページの正規分布表を用いてもよい。

日本人におけるABO式血液型の割合は，A型40%，O型30%，B型20%，AB型10%といわれている。ここでは，この割合は正しいと仮定する。

日本人から400人を無作為に選ぶとき，ABO式血液型のAB型である人数を表す確率変数をXとすると，$X=k$となる確率は

$$P(X=k)={}_{400}\mathrm{C}_k\left(\frac{\boxed{ケ}}{10}\right)^k\left(\frac{\boxed{コ}}{10}\right)^{400-k}$$

$(k=0,\ 1,\ 2,\ \cdots,\ 400)$

となる。

Xの平均（期待値）$E(X)$は $\boxed{サシ}$ である。

Xの分散$V(X)$は $\boxed{スセ}$ である。

400は十分に大きいことから，

確率変数Xは正規分布$N(\boxed{サシ},\ \boxed{スセ})$に近似することができる。

このことに注意して，日本人から400人を無作為に選ぶとき，AB型の人が31人以下である確率は

$$P(X \leqq 31)=\boxed{ソ}$$

である。

$\boxed{ソ}$ については，最も適当なものを，次の⓪～⑤のうちから一つ選べ。

⓪ 0.067	① 0.147	② 0.167
③ 0.333	④ 0.353	⑤ 0.433

さらに，400人から無作為に選ぶとき，ABO 式血液型の A 型である人数を表す確率変数を Y とする。

次の⓪～⑤のうち，正しいものは **タ** と **チ** である。

タ ，**チ** の解答群

⓪ $E(X)=E(Y)$ である。

① $V(X)=V(Y)$ である。

② $X \leqq E(X)$ である確率と，$Y \leqq E(Y)$ である確率は等しい。

③ $X \leqq V(X)$ である確率と，$Y \leqq V(Y)$ である確率は等しい。

④ $X \leqq E(X)-V(X)$ である確率と，$Y \leqq E(Y)-V(Y)$ となる確率は等しい。

⑤ $X \leqq E(X)-\sqrt{V(X)}$ である確率と，$Y \leqq E(Y)-\sqrt{V(Y)}$ となる確率は等しい。

正規分布表

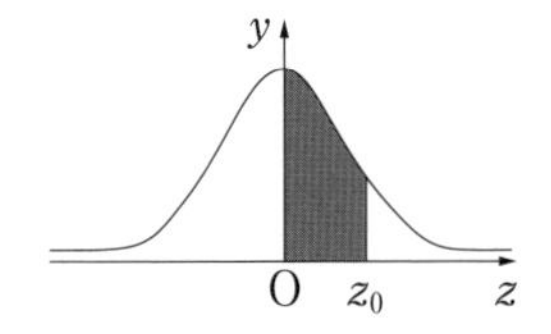

次の表は，標準正規分布の分布曲線における右図の灰色部分の面積の値をまとめたものである。

z_0	0.00	0.01	0.02	0.03	0.04	0.05	0.06	0.07	0.08	0.09
0.0	0.0000	0.0040	0.0080	0.0120	0.0160	0.0199	0.0239	0.0279	0.0319	0.0359
0.1	0.0398	0.0438	0.0478	0.0517	0.0557	0.0596	0.0636	0.0675	0.0714	0.0753
0.2	0.0793	0.0832	0.0871	0.0910	0.0948	0.0987	0.1026	0.1064	0.1103	0.1141
0.3	0.1179	0.1217	0.1255	0.1293	0.1331	0.1368	0.1406	0.1443	0.1480	0.1517
0.4	0.1554	0.1591	0.1628	0.1664	0.1700	0.1736	0.1772	0.1808	0.1844	0.1879
0.5	0.1915	0.1950	0.1985	0.2019	0.2054	0.2088	0.2123	0.2157	0.2190	0.2224
0.6	0.2257	0.2291	0.2324	0.2357	0.2389	0.2422	0.2454	0.2486	0.2517	0.2549
0.7	0.2580	0.2611	0.2642	0.2673	0.2704	0.2734	0.2764	0.2794	0.2823	0.2852
0.8	0.2881	0.2910	0.2939	0.2967	0.2995	0.3023	0.3051	0.3078	0.3106	0.3133
0.9	0.3159	0.3186	0.3212	0.3238	0.3264	0.3289	0.3315	0.3340	0.3365	0.3389
1.0	0.3413	0.3438	0.3461	0.3485	0.3508	0.3531	0.3554	0.3577	0.3599	0.3621
1.1	0.3643	0.3665	0.3686	0.3708	0.3729	0.3749	0.3770	0.3790	0.3810	0.3830
1.2	0.3849	0.3869	0.3888	0.3907	0.3925	0.3944	0.3962	0.3980	0.3997	0.4015
1.3	0.4032	0.4049	0.4066	0.4082	0.4099	0.4115	0.4131	0.4147	0.4162	0.4177
1.4	0.4192	0.4207	0.4222	0.4236	0.4251	0.4265	0.4279	0.4292	0.4306	0.4319
1.5	0.4332	0.4345	0.4357	0.4370	0.4382	0.4394	0.4406	0.4418	0.4429	0.4441
1.6	0.4452	0.4463	0.4474	0.4484	0.4495	0.4505	0.4515	0.4525	0.4535	0.4545
1.7	0.4554	0.4564	0.4573	0.4582	0.4591	0.4599	0.4608	0.4616	0.4625	0.4633
1.8	0.4641	0.4649	0.4656	0.4664	0.4671	0.4678	0.4686	0.4693	0.4699	0.4706
1.9	0.4713	0.4719	0.4726	0.4732	0.4738	0.4744	0.4750	0.4756	0.4761	0.4767
2.0	0.4772	0.4778	0.4783	0.4788	0.4793	0.4798	0.4803	0.4808	0.4812	0.4817
2.1	0.4821	0.4826	0.4830	0.4834	0.4838	0.4842	0.4846	0.4850	0.4854	0.4857
2.2	0.4861	0.4864	0.4868	0.4871	0.4875	0.4878	0.4881	0.4884	0.4887	0.4890
2.3	0.4893	0.4896	0.4898	0.4901	0.4904	0.4906	0.4909	0.4911	0.4913	0.4916
2.4	0.4918	0.4920	0.4922	0.4925	0.4927	0.4929	0.4931	0.4932	0.4934	0.4936
2.5	0.4938	0.4940	0.4941	0.4943	0.4945	0.4946	0.4948	0.4949	0.4951	0.4952
2.6	0.4953	0.4955	0.4956	0.4957	0.4959	0.4960	0.4961	0.4962	0.4963	0.4964
2.7	0.4965	0.4966	0.4967	0.4968	0.4969	0.4970	0.4971	0.4972	0.4973	0.4974
2.8	0.4974	0.4975	0.4976	0.4977	0.4977	0.4978	0.4979	0.4979	0.4980	0.4981
2.9	0.4981	0.4982	0.4982	0.4983	0.4984	0.4984	0.4985	0.4985	0.4986	0.4986
3.0	0.4987	0.4987	0.4987	0.4988	0.4988	0.4989	0.4989	0.4989	0.4990	0.4990

第３問～第５問は，**いずれか２問を選択**し，解答しなさい。

第４問（選択問題）（配点　20）

等差数列 $\{a_n\}$ と等比数列 $\{b_n\}$ があり，これらは初項（第１項）と第２項が一致して

$$a_1 = b_1 = 1$$

$$a_2 = b_2 = 3$$

である。

(1)　等差数列 $\{a_n\}$ の公差は ア

等比数列 $\{b_n\}$ の公比は イ

である。

(2)　２つの数列 $\{a_n\}$，$\{b_n\}$ の初項から第 n 項までの和をそれぞれ S_n，T_n とすると

$$S_n = \sum_{k=1}^{n} a_k = \boxed{ウ}$$

$$T_n = \sum_{k=1}^{n} b_k = \frac{\boxed{イ}^{\boxed{エ}} - \boxed{オ}}{2}$$

また，数列 $\{a_n b_n\}$ の初項から第 n 項までの和を U_n とすると

$$U_n = \sum_{k=1}^{n} a_k b_k = \left(\boxed{カ}\right) \cdot \boxed{イ}^{\boxed{キ}} + \boxed{ク}$$

ウ，エ，カ，キ については，最も適当なものを，次の⓪～ⓑのうちから一つ選べ。（同じものを繰り返し選んでもよい。）

⓪　$n-1$	①　n	②　$n+1$
③　n^2	④　n^3	⑤　n^4
⑥　$2n-1$	⑦　$2n$	⑧　$2n+1$
⑨　$\dfrac{n(n+1)}{2}$	ⓐ　$n(n+1)$	ⓑ　$\dfrac{n(n+1)(2n+1)}{6}$

問題編

2021年（第1日程）

予想問題・第1回

予想問題・第2回

予想問題・第3回

(3)　2つの群数列を考える。

群数列 A

数列$\{a_n\}$を次のように群に分ける。

a_1 | a_2, a_3, a_4 | ……

第1群　　第2群

ここで，第n群はb_n個の項からなるものとする。

群数列 B

数列$\{b_n\}$を次のように群に分ける。

b_1 | b_2, b_3, b_4 | ……

第1群　　第2群

ここで，第n群はa_n個の項からなるものとする。

(i)　群数列 A において，第n群の最後の項をL_nとすると

$L_1 = a_1$，$L_2 = a_4$，$L_3 =$ [ケコ]

である。

また，群数列 B において，第n群の最後の項をM_nとすると

$M_1 = b_1$，$M_2 = b_4$，…，$M_{50} =$ [イ] [サシスセ]

である。

このとき

L_nは数列$\{a_n\}$の第 [ソ] 項である。

M_nは数列$\{b_n\}$の第 [タ] 項である。

[ソ]，[タ] については，最も適当なものを，次の⓪～⑧のうちから一つ選べ。(同じものを繰り返し選んでもよい。)

⓪ a_n	① b_n	② $a_n b_n$
③ S_n	④ T_n	⑤ U_n
⑥ $3n-2$	⑦ 4^{n-1}	⑧ $\dfrac{n(n^2+2)}{3}$

(ii) 群数列 A において，第 n 群の項の総和を求めると

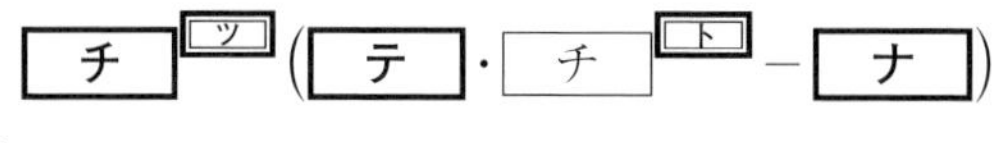

である。

ツ，ト については，最も適当なものを，次の⓪～②のうちから一つ選べ。(同じものを繰り返し選んでもよい。)

⓪ $n-1$	① n	② $n+1$

(iii) 群数列 B の第50群の末項 M_{50} と等しくなる数列 $\{a_n\}$ の項があるのは，群数列 A の第 ニヌネノ 群である。

第3問～第5問は，いずれか2問を選択し，解答しなさい。

第5問（選択問題）（配点　20）

異なる4点A，B，C，Dがあり

$$\overrightarrow{AP}+\overrightarrow{BP}+\overrightarrow{CP}+\overrightarrow{DP}=\vec{0}$$

の関係を満たす点Pがある。

始点をAとすると

$$\overrightarrow{AP}=\frac{\boxed{ア}}{\boxed{イ}}(\overrightarrow{AB}+\overrightarrow{AC}+\overrightarrow{AD}) \quad \cdots\cdots①$$

である。

①が成り立つとして，3つの場合(1)，(2)，(3)について考える。

(1) 凸四角形ABCDがあり，点Pは対角線AC，BDの交点とする。

点Cは直線AP上にあるので，実数aを用いて

$$\overrightarrow{AC}=a\overrightarrow{AP}$$

と表せる。これを①へ代入して整理すると

$$(\boxed{ウ}-\boxed{エ})\overrightarrow{AP}=\overrightarrow{AB}+\overrightarrow{AD}$$

である。

また，点Pは直線BD上にあるので，実数bを用いて

$$\overrightarrow{BP}=b\overrightarrow{BD}$$

と表せる。

これらのことから$a=\boxed{オ}$，$b=\dfrac{\boxed{カ}}{\boxed{キ}}$である。

次の(Ⅰ)，(Ⅱ)，(Ⅲ)は四角形ABCDについての記述である。正誤の組合せとして正しいものは $\boxed{ク}$ である。

(Ⅰ) 四角形ABCDはつねに長方形である。
(Ⅱ) 四角形ABCDはつねにひし形である。
(Ⅲ) 四角形ABCDはつねに平行四辺形である。

$\boxed{ク}$ の解答群

	⓪	①	②	③	④	⑤	⑥	⑦
(Ⅰ)	正	正	正	正	誤	誤	誤	誤
(Ⅱ)	正	正	誤	誤	正	正	誤	誤
(Ⅲ)	正	誤	正	誤	正	誤	正	誤

(2) 4点A，B，C，Dは同一平面上にないとする。

直線APと3点B，C，Dを通る平面との交点をQとする。

点Qは直線AP上にあるので，実数kを用いて

$$\overrightarrow{AQ} = k\overrightarrow{AP}$$

と表せる。

また，点Qは平面BCD上にあるので，実数s，tを用いて

$$\overrightarrow{BQ} = s\overrightarrow{BC} + t\overrightarrow{BD}$$

と表せる。

これらのことから$k = \dfrac{\boxed{ケ}}{\boxed{コ}}$，$s = \dfrac{\boxed{サ}}{\boxed{シ}}$，$t = \dfrac{\boxed{ス}}{\boxed{セ}}$である。

四面体ABCDの体積をV_1，四面体PBCDの体積をV_2とすると，体積比は

$$\frac{V_1}{V_2} = \boxed{ソ}$$

である。

(3) 座標空間で A(1, −1, 2), B(2, 0, 1), C(4, 2, −1), D(5, 3, −2) とする。

(i) $\overrightarrow{AB}$ を成分表示すると

$$\overrightarrow{AB} = (\boxed{タ}, \boxed{チ}, \boxed{ツテ})$$

である。

$\overrightarrow{AB}$ と等しいベクトルを次の⓪〜⑤のうちから一つ求めると

$$\overrightarrow{AB} = \boxed{ト}$$

である。

ト の解答群

⓪ $\overrightarrow{AC}$	① $\overrightarrow{AD}$	② $\overrightarrow{BA}$
③ $\overrightarrow{BC}$	④ $\overrightarrow{BD}$	⑤ $\overrightarrow{CD}$

(ii) 4 点 A, B, C, D を頂点とする四角形は $\boxed{ナ}$。

ナ の解答群

⓪ 長方形である
① 長方形ではない平行四辺形である
② 平行四辺形ではない台形である
③ 存在しない

ただし，少なくとも一組の対辺が平行な四角形を台形という。

(iii) 実数 x, y, z を用いて

$$\overrightarrow{\mathrm{AP}} = x\,\overrightarrow{\mathrm{AB}} + y\,\overrightarrow{\mathrm{AC}} + z\,\overrightarrow{\mathrm{AD}} \quad \cdots\cdots ②$$

と表す。

①かつ②を満たす実数の組 $(x,\ y,\ z)$ は [ニ]。

[ニ] の解答群

⓪ ない
① 1組だけある
② 2組ある
③ 無数にある

予想問題
第2回

100点／60分

＊「第１問」「第２問」は必答です。
＊「第３問」「第４問」「第５問」は、いずれか２問を選択して解答してください。

第１問（必答問題）（配点　30）

〔1〕 地震が発するエネルギーの大きさを表す数値については，対数を用いて次のように表される。

> 震源から放出される地震波のエネルギー E（ジュール）とマグニチュード M の関係式は
>
> $\log_{10} E = 4.8 + 1.5M$

(1) M の値を横軸，E の値を縦軸とすると，グラフの概形は ［ア］ である。

ただし，$M = 1$ となる点をA，$M = 9$ となる点をBとしており，横軸と縦軸の比率は同じとは限らないとする。

［ア］ については，最も適当なものを，次の⓪～⑤のうちから一つ選べ。

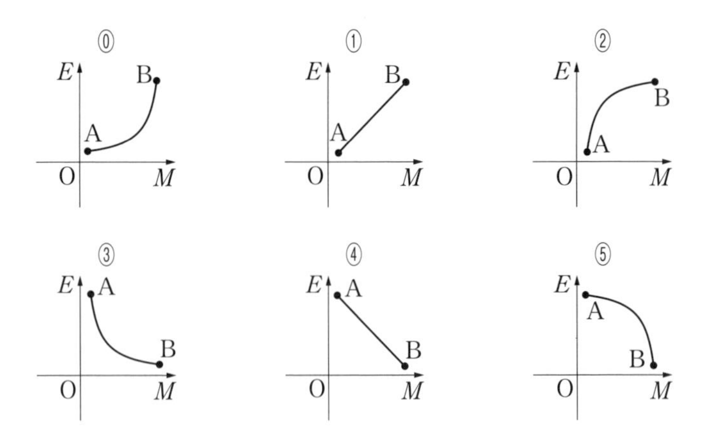

(2) 地震波のエネルギー E_1 のマグニチュードを M_1, 地震波のエネルギー E_2 のマグニチュードを M_2 として, E_1, E_2 の比率を M_1, M_2 を用いて表すと

$$\frac{E_1}{E_2} = \boxed{\text{イ}}$$

である。

イ の解答群

⓪ $1.5(M_1 - M_2)$	① $10^{1.5(M_1 - M_2)}$	② $\log_{10} 1.5(M_1 - M_2)$
③ $1.5\log_{10}(M_1 - M_2)$	④ $\dfrac{M_1}{M_2}$	⑤ $\log_{10}\dfrac{M_1}{M_2}$

(3) マグニチュード6.1の地震波のエネルギーはマグニチュード4.1の地震波のエネルギーの $10^{\boxed{\text{ウ}}}$ 倍になる。

ウ の解答群

⓪ −3	① −2	② −1	③ 1.5	④ 2
⑤ 2.5	⑥ 3	⑦ 3.5	⑧ 4	⑨ 4.5

(4) 地震波のエネルギーが512倍されると, マグニチュードはおよそ エ だけ オ する。ただし, $\log_{10} 2 = 0.3010$ とする。

エ については, 最も適当なものを, 次の⓪～⑨のうちから一つ選べ。

⓪ 0.3	① 0.6	② 1.0	③ 1.2	④ 1.5
⑤ 1.8	⑥ 2.0	⑦ 2.1	⑧ 2.3	⑨ 2.6

オ の解答群

⓪ 増加	① 減少

〔2〕 座標平面上に

円 $C: x^2+y^2-2\sqrt{3}x-2y=0$

直線 $\ell: (\cos\theta)x+(\sin\theta)y+1=0$

がある。

(1) 円 C の中心は $\left(\sqrt{\boxed{カ}},\ \boxed{キ}\right)$，半径は $\boxed{ク}$ である。

以下，$\left(\sqrt{\boxed{カ}},\ \boxed{キ}\right)$ を点Cとする。

(2) 点Cと直線 ℓ の距離を d とすると

$d=\left|\boxed{ケ}\right|$

である。

$\boxed{ケ}$ の解答群

⓪	$\sin\theta+\sqrt{3}\cos\theta+1$	①	$\sqrt{3}\sin\theta+\cos\theta+1$
②	$\sin\theta+\sqrt{3}\cos\theta-1$	③	$\sqrt{3}\sin\theta+\cos\theta-1$

(3) $f(\theta)=\boxed{ケ}$

とおく。

$f(\theta)$ は三角関数の合成を用いて変形することができる。

$0\leqq\theta<2\pi$ において，$f(\theta)$ がとりうる値の範囲は

$\boxed{コ}\leqq f(\theta)\leqq\boxed{サ}$

である。

このことから

$\boxed{シ}\leqq|f(\theta)|\leqq\boxed{ス}$

であるから

$\boxed{シ}\leqq d\leqq\boxed{ス}$

となる。

コ, サ, シ, ス の解答群（同じものを繰り返し選んでもよい。）

⓪ -3	① $-\sqrt{3}-2$	② -2	③ -1	④ 0
⑤ 1	⑥ 2	⑦ $\sqrt{3}+1$	⑧ 3	⑨ $\sqrt{3}+2$

(4) θ を $0 \leqq \theta < 2\pi$ の範囲で動かして，直線 ℓ が円 C に接する場合を考える。

C と ℓ が接するのは $d=$ セ であるから

$\theta = \dfrac{\pi}{\boxed{ソ}}$, $\dfrac{\boxed{タチ}}{\boxed{ツ}}\pi$ のときである。

$\theta = \dfrac{\pi}{\boxed{ソ}}$ のときの直線 ℓ を ℓ_1

$\theta = \dfrac{\boxed{タチ}}{\boxed{ツ}}\pi$ のときの直線 ℓ を ℓ_2

とすると，ℓ_1 と ℓ_2 のなす角は $\dfrac{\pi}{\boxed{テ}}$ である。

ただし，$0 < \dfrac{\pi}{\boxed{テ}} < \dfrac{\pi}{2}$ とする。

ℓ_1 と ℓ_2 の交点を P とし，円 C と ℓ_1，ℓ_2 との接点をそれぞれ A，B とする。

四角形 PACB の周および内部にあり，中心を点 C，弧 AB とするおうぎ形 ACB の面積は $\dfrac{\boxed{ト}}{\boxed{ナ}}\pi$ である。

また，$\mathrm{PA}=\mathrm{PB}=\boxed{ニ}\sqrt{\boxed{ヌ}}$ である。

これらのことから，円 C と 2 本の直線 ℓ_1，ℓ_2 で囲まれる図形の面積は

$$\boxed{ネ}\sqrt{\boxed{ノ}} - \dfrac{\boxed{ト}}{\boxed{ナ}}\pi$$

である。

第2問 (必答問題) (配点　30)

〔1〕 1辺の長さがaの正方形の厚紙Pがある。

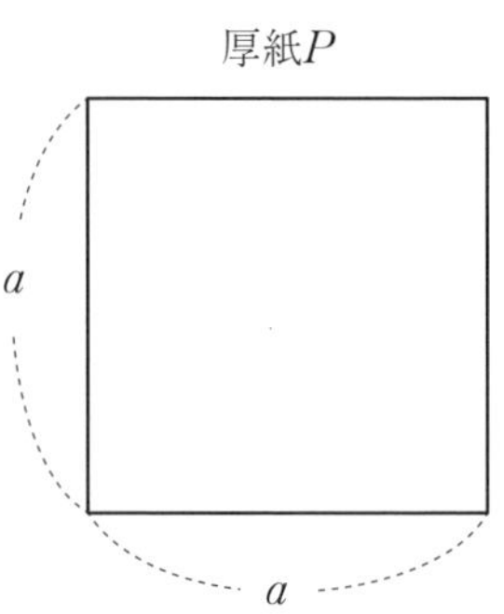

このとき，次の問いに答えよ。

(1) 右図のようにPの四隅から1辺の長さがxの正方形を切り取って，図の点線部分を折り曲げて**ふたのない容器**をつくる。

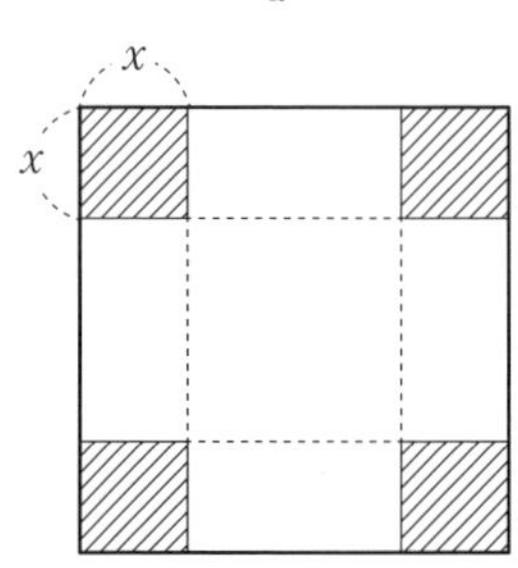

この容器の体積を$V_1(x)$とする。

(i) 容器をつくることができるxの値の範囲は$0 < x <$ [ア] である。

[ア] の解答群

⓪ $\frac{a}{4}$	① $\frac{a}{3}$	② $\frac{a}{2}$	③ a

(ii) $V_1(x)$は

$$V_1(x) = \boxed{イ}x^3 - \boxed{ウ}ax^2 + a^{\boxed{エ}}x$$

と表せる。

$0 < x <$ [ア] の範囲でxを動かすとき

$V_1(x)$は$x = \frac{a}{\boxed{オ}}$のとき，最大値$\frac{\boxed{カ}}{\boxed{キク}}a^{\boxed{ケ}}$をとる。

(2) 今度は右図のようにPの四隅から1辺の長さがxとなる正方形と長方形を切り取って，図の点線部分を折り曲げて**ふたのある容器**をつくる。

ただし，線分ABと線分CDは重なるようにする。

この容器の体積を$V_2(x)$とする。

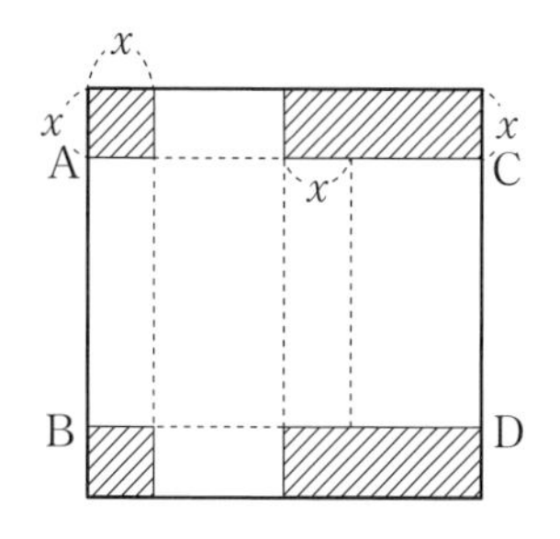

(i) 容器をつくることができるxの値の範囲は$0<x<$ [コ] である。

[コ] の解答群

⓪ $\frac{a}{4}$	① $\frac{a}{3}$	② $\frac{a}{2}$	③ a

(ii) $0<x<$ [コ] の範囲でxを動かして$V_2(x)$を考える。

2つの容器をつくることができるxの値の範囲において，$V_1(x)$と$V_2(x)$の関係について，次の⓪～④のうちで正しく述べたものは [サ] である。

[サ] の解答群

⓪ $V_1(x)$と$V_2(x)$の最大値は等しい。

① $V_2(x)$は$V_1(x)$のa^2倍になる。

② $V_2(x)$は$V_1(x)$のa^3倍になる。

③ $V_2(x)$は$V_1(x)$の$\frac{a}{2}$倍になる。

④ $V_2(x)$は$V_1(x)$のちょうど半分になる。

問題編

2021年（第1日程）

予想問題・第1回

予想問題・第2回

予想問題・第3回

〔2〕 a, b, c を実数の定数とする。

3次関数 $f(x)=x^3+ax^2+bx+c$ の増減表は次のようになる。

x	$\cdots$	α	$\cdots$	β	$\cdots$
$f'(x)$	$+$	0	$-$	0	$+$
$f(x)$	↗	100	↘	-400	↗

(1)(i) $f'(x)$ の [シ] の1つが $f(x)$ であることから

$$\int_{\beta}^{\alpha} f'(x)dx=\Big[f(x)\Big]_{\beta}^{\alpha}= \boxed{\text{スセソ}}$$

である。

[シ] の解答群

⓪ 導関数　① 原始関数　② 定数関数　③ 逆関数

(ii) $f'(\alpha)=$ [タ], $f'(\beta)=$ [タ] より

$$f'(x)=\boxed{\text{チ}}(x-\alpha)(x-\beta)$$

であることから

$$\int_{\beta}^{\alpha} f'(x)dx=\boxed{\text{ツ}}(\beta-\alpha)^3$$

である。

[ツ] の解答群

⓪ $-\frac{1}{2}$　① $-\frac{1}{3}$　② $-\frac{1}{6}$

③ $\frac{1}{6}$　④ $\frac{1}{3}$　⑤ $\frac{1}{2}$

(iii) (i), (ii)を考えると $\beta-\alpha=$ [テト] である。

(2) $f(8)<0$ であり，$y=f(x)$ 上の点 $(8,\ f(8))$ における接線の傾きは 0 であるとする。

このとき，$f(x)$ を求めると

$$f(x)=x^3-\boxed{\text{ナ}}\,x^2-\boxed{\text{ニヌ}}\,x+\boxed{\text{ネノ}}$$

である。

曲線 $y=f(x)$ の接線のうち，最小になる傾きは ハヒフ である。

この傾きが最小になる接線の方程式を $y=$ ハヒフ $x+d$（d は定数）とすると

x の 3 次方程式 $f(x)=$ ハヒフ $x+d$ は ヘ 。

ヘ の解答群

- ⓪ 異なる 3 つの実数の解をもつ
- ① 相異なるちょうど 2 つの実数の解をもつ
- ② ただ 1 つの実数の解のみをもつ
- ③ 1 つの実数の解と異なる 2 つの虚数の解をもつ
- ④ 2 つの実数の解と異なる 1 つの虚数の解をもつ

(3) k を実数の定数とする。3 次方程式 $f(x)-100k=0$ の解について，次の⓪〜④のうちで正しくないことを述べているものは ホ である。

ホ の解答群

- ⓪ k がどのような実数値でも方程式は少なくとも 1 つの実数の解をもつ。
- ① $k=0.99$ のとき，方程式は異なる 3 つの実数の解をもつ。
- ② $k=1$ のとき，方程式は異なるちょうど 2 つの実数の解をもつ。
- ③ $k=1.01$ のとき，方程式はただ 1 つの実数の解だけをもつ。
- ④ $k=\sqrt{2}$ のとき，方程式は 1 つの実数の解と異なる 2 つの虚数の解をもつ。

第３問～第５問は，いずれか２問を選択し，解答しなさい。

第３問（選択問題）（配点　20）

以下の問題を解答するにあたっては，必要に応じて58ページの正規分布表を用いてもよい。

表が出る確率が p のコインを１枚投げて，数直線上を次の規則によって移動する点Ｐがある。

（規則）　表が出れば正の方向に２進み，裏が出れば負の方向に１進む。

点Ｐは最初原点にあるとして，１枚のコインを投げることを n 回繰り返すとき，表の出る回数を X とし，点Ｐが規則により移動した座標を Y とする。

このとき，X と Y は確率変数であり，関係式

$Y =$ ［ア］$X - n$

を満たす。また，X は［イ］に従う。

［イ］については，最も適当なものを，次の⓪～⑤のうちから一つ選べ。

⓪　正規分布 $N(0,\ 1)$
①　二項分布 $B(0,\ 1)$
②　正規分布 $N(n,\ p)$
③　二項分布 $B(n,\ p)$
④　正規分布 $N(n,\ p^2)$
⑤　二規分布 $B(n,\ p^2)$

(1) $n=100$, $p=\frac{1}{2}$ とする。つまり，表が出る確率が $\frac{1}{2}$ のコインを100回投げるとする。このとき

X の期待値 $E(X)$ は **ウエ**，分散 $V(X)$ は **オカ** である。

Y の期待値 $E(Y)$ は **キク**，分散 $V(Y)$ は **ケコサ** である。

100は十分に大きいので，X, Y は近似的に正規分布に従う。

点Pの座標が65以上となる確率の近似値は **シ** である。

また，確率が95%以下になるような X のとりうる整数値の範囲は

スセ $\leqq X \leqq$ **ソタ** ……①

である。

ただし $\frac{\text{スセ}+\text{ソタ}}{2}=E(X)$ とし，スセ $-1 \leqq X \leqq$ ソタ $+1$ となる確率は95%より大きいとする。

シ については，最も適当なものを，次の⓪～⑤のうちから一つ選べ。

⓪ 0.001	① 0.023	② 0.159
③ 0.341	④ 0.477	⑤ 0.499

問題編

2021年（第1日程）

予想問題・第1回

予想問題・第2回

予想問題・第3回

(2) コインKを100回投げて，数直線上で原点にあった点Pを規則によって動かすと，座標が -40 になった。

このとき，表が出た回数は **チツ** であるが，①を満たさないのでコインKの表が出る確率は偏っていると考えられる。

そこで，この結果に基づいて，コインKの表が出る確率 p を信頼度95％の信頼区間で推定する。

標本比率を R とすると $R=\dfrac{\boxed{チツ}}{100}$ である。

標本の大きさが100と大きいので，二項分布と正規分布による近似を用いて，p に対する信頼度95％の信頼区間は

$\boxed{テ} \leqq p \leqq \boxed{ト}$

である。

テ，ト については，最も適当なものを，次の⓪〜⑤のうちから一つ選べ。

⓪ 0.122	① 0.176	② 0.197
③ 0.203	④ 0.224	⑤ 0.278

(3) 母比率 p に対する信頼区間 $A \leqq p \leqq B$ において，$B-A$ を信頼区間の幅という。以下，R を標本比率とし，n を標本の大きさとし，p に対する信頼度95％の信頼区間を考える。

(i) R を $0<R<1$ となる定数とし，標本の大きさ n だけを大きくすると，信頼区間の幅は［ナ］。

［ナ］の解答群

⓪ 狭くなる
① 広くなる
② 変わらない

(ii) 標本の大きさ n を一定値とし，R を $0<R<1$ の範囲で変化させると，信頼区間の幅を最大にする R は［ニ］。

［ニ］の解答群

⓪ $0<R<0.5$ のいずれかの値である
① $R=0.5$ に限られる
② $0.5<R<1$ のいずれかの値である
③ 定まらない

正 規 分 布 表

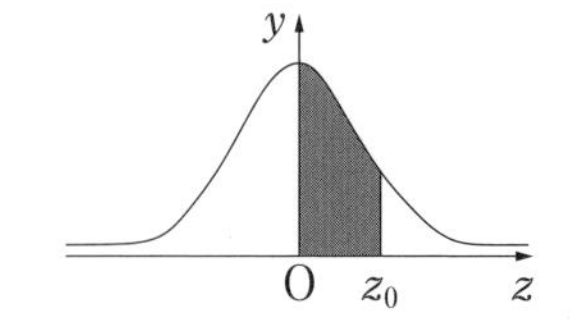

次の表は，標準正規分布の分布曲線における右図の灰色部分の面積の値をまとめたものである。

z_0	0.00	0.01	0.02	0.03	0.04	0.05	0.06	0.07	0.08	0.09
0.0	0.0000	0.0040	0.0080	0.0120	0.0160	0.0199	0.0239	0.0279	0.0319	0.0359
0.1	0.0398	0.0438	0.0478	0.0517	0.0557	0.0596	0.0636	0.0675	0.0714	0.0753
0.2	0.0793	0.0832	0.0871	0.0910	0.0948	0.0987	0.1026	0.1064	0.1103	0.1141
0.3	0.1179	0.1217	0.1255	0.1293	0.1331	0.1368	0.1406	0.1443	0.1480	0.1517
0.4	0.1554	0.1591	0.1628	0.1664	0.1700	0.1736	0.1772	0.1808	0.1844	0.1879
0.5	0.1915	0.1950	0.1985	0.2019	0.2054	0.2088	0.2123	0.2157	0.2190	0.2224
0.6	0.2257	0.2291	0.2324	0.2357	0.2389	0.2422	0.2454	0.2486	0.2517	0.2549
0.7	0.2580	0.2611	0.2642	0.2673	0.2704	0.2734	0.2764	0.2794	0.2823	0.2852
0.8	0.2881	0.2910	0.2939	0.2967	0.2995	0.3023	0.3051	0.3078	0.3106	0.3133
0.9	0.3159	0.3186	0.3212	0.3238	0.3264	0.3289	0.3315	0.3340	0.3365	0.3389
1.0	0.3413	0.3438	0.3461	0.3485	0.3508	0.3531	0.3554	0.3577	0.3599	0.3621
1.1	0.3643	0.3665	0.3686	0.3708	0.3729	0.3749	0.3770	0.3790	0.3810	0.3830
1.2	0.3849	0.3869	0.3888	0.3907	0.3925	0.3944	0.3962	0.3980	0.3997	0.4015
1.3	0.4032	0.4049	0.4066	0.4082	0.4099	0.4115	0.4131	0.4147	0.4162	0.4177
1.4	0.4192	0.4207	0.4222	0.4236	0.4251	0.4265	0.4279	0.4292	0.4306	0.4319
1.5	0.4332	0.4345	0.4357	0.4370	0.4382	0.4394	0.4406	0.4418	0.4429	0.4441
1.6	0.4452	0.4463	0.4474	0.4484	0.4495	0.4505	0.4515	0.4525	0.4535	0.4545
1.7	0.4554	0.4564	0.4573	0.4582	0.4591	0.4599	0.4608	0.4616	0.4625	0.4633
1.8	0.4641	0.4649	0.4656	0.4664	0.4671	0.4678	0.4686	0.4693	0.4699	0.4706
1.9	0.4713	0.4719	0.4726	0.4732	0.4738	0.4744	0.4750	0.4756	0.4761	0.4767
2.0	0.4772	0.4778	0.4783	0.4788	0.4793	0.4798	0.4803	0.4808	0.4812	0.4817
2.1	0.4821	0.4826	0.4830	0.4834	0.4838	0.4842	0.4846	0.4850	0.4854	0.4857
2.2	0.4861	0.4864	0.4868	0.4871	0.4875	0.4878	0.4881	0.4884	0.4887	0.4890
2.3	0.4893	0.4896	0.4898	0.4901	0.4904	0.4906	0.4909	0.4911	0.4913	0.4916
2.4	0.4918	0.4920	0.4922	0.4925	0.4927	0.4929	0.4931	0.4932	0.4934	0.4936
2.5	0.4938	0.4940	0.4941	0.4943	0.4945	0.4946	0.4948	0.4949	0.4951	0.4952
2.6	0.4953	0.4955	0.4956	0.4957	0.4959	0.4960	0.4961	0.4962	0.4963	0.4964
2.7	0.4965	0.4966	0.4967	0.4968	0.4969	0.4970	0.4971	0.4972	0.4973	0.4974
2.8	0.4974	0.4975	0.4976	0.4977	0.4977	0.4978	0.4979	0.4979	0.4980	0.4981
2.9	0.4981	0.4982	0.4982	0.4983	0.4984	0.4984	0.4985	0.4985	0.4986	0.4986
3.0	0.4987	0.4987	0.4987	0.4988	0.4988	0.4989	0.4989	0.4989	0.4990	0.4990

第3問～第5問は，いずれか2問を選択し，解答しなさい。

第4問（選択問題）（配点　20）

(1)　2つの容器P，Qがあり，容器Pには濃度3％の食塩水300g，容器Qには濃度15％の食塩水300gが入っている。この2つの容器に対して次の操作を行なう。

操作A

まず，容器Pと容器Qから50gの食塩水を取り出す。次に，容器Pから取り出した食塩水50gを容器Qに，容器Qから取り出した食塩水50gを容器Pにそれぞれ入れて，容器Pと容器Qのそれぞれの食塩水の量を300gにする。そして，濃度が均一になるようによくかき混ぜる。

ここで，食塩水の濃度，食塩の量，食塩水の量の関係は次の式で与えられる。

$$\text{食塩水の濃度}(\%)=\frac{\text{食塩の量}(\mathrm{g})}{\text{食塩水の量}(\mathrm{g})}\times 100$$

これより，

$$\text{食塩の量}(\mathrm{g})=\text{食塩水の量}(\mathrm{g})\times\frac{\text{食塩水の濃度}(\%)}{100}$$

であることもわかる。

たとえば，容器Pの食塩の量は，食塩水300g，濃度3％より

$$300\times\frac{3}{100}=9\,(\mathrm{g})$$

容器Qの食塩の量は，食塩水300g，濃度15％より

$$300\times\frac{15}{100}=45\,(\mathrm{g})$$

とわかる。

問題編

2021年（第1日程）

予想問題・第1回

予想問題・第2回

予想問題・第3回

(i) 操作Aを1回行なったあと，容器Pにある食塩の量は，容器Pから取り出さなかった250gの食塩水に含まれる食塩と，容器Qから取り入れた50gの食塩水に含まれる食塩の合計である。このことに注意して

操作Aを1回行なったあと，容器Pの食塩水の濃度は［ア］%である。

また，操作Aを1回行なったあと，容器Qの食塩水の濃度は［イウ］%である。

操作Aを2回行なったあと，容器Pの食塩水の濃度は約［エ］%である。

［エ］の解答群

⓪ 5.9	① 6.3	② 6.6
③ 7.0	④ 7.3	⑤ 7.6

(ii) 操作Aをn回行なったあと，容器Pの食塩水の濃度をa_n%，容器Qの食塩水の濃度をb_n%とする。

このとき，$a_1=$［ア］，$b_1=$［イウ］である。

操作Aを$(n+1)$回行なったあとの容器Pにある食塩の量は，操作Aをn回行なってから，取り出さなかった250gの食塩水に含まれる食塩と容器Qから取り入れた50gの食塩水に含まれる食塩の合計である。このことに注意して，a_{n+1}とa_n，b_nの関係式をつくると

$$a_{n+1}=\frac{\boxed{オ}}{\boxed{カ}}a_n+\frac{\boxed{キ}}{\boxed{ク}}b_n \quad \cdots\cdots①$$

である。

(iii) 操作Aをn回行なったあと，容器Pの食塩の量は［ケ］a_n (g)，容器Qの食塩の量は［ケ］b_n (g)であることと，操作Aを何回行なっても2つの容器PとQの食塩の量の合計は一定値であることから

$$a_n + b_n = \boxed{コサ} \quad \cdots\cdots ②$$

である。

(iv) ①，②よりa_{n+1}とa_nの関係式をつくると

$$a_{n+1} = \frac{\boxed{シ}}{\boxed{ス}} a_n + \boxed{セ}$$

このことから

$$a_n = \boxed{ソ} - \boxed{タ} \left(\frac{\boxed{シ}}{\boxed{ス}} \right)^n$$

である。

次の(Ⅰ)，(Ⅱ)の正誤の組合せとして正しいものは［チ］である。

(Ⅰ) 操作Aを繰り返すたびに，容器Pの濃度は増加する。

(Ⅱ) 操作Aを何度繰り返しても，容器Pの濃度は9％以上になることはない。

［チ］の解答群

	⓪	①	②	③
(Ⅰ)	正	正	誤	誤
(Ⅱ)	正	誤	正	誤

(2)　2つの容器P，Qがあり，容器Pには濃度3％の食塩水300g，容器Qには濃度15％の食塩水300gが入っている。この2つの容器に対して次の操作Bを行なう。

操作B

まず，容器Pと容器Qから a gの食塩水を取り出す。次に，容器Pから取り出した食塩水 a gを容器Qに，容器Qから取り出した食塩水 a gを容器Pにそれぞれ入れて，容器Pと容器Qのそれぞれの食塩水の量を300gにする。そして，濃度が均一になるようによくかき混ぜる。

操作Bを n 回行なったあと，容器Pの食塩水の濃度を c_n ％とする。

(1)と同様に考えて

$$c_1 = \boxed{\text{ツ}} + \frac{\boxed{\text{テ}}}{\boxed{\text{トナ}}}$$

である。

c_{n+1} と c_n の関係式は

$$c_{n+1} = \left(1 - \frac{\boxed{\text{ニ}}}{\boxed{\text{ヌネノ}}}\right)c_n + \frac{\boxed{\text{ハ}}}{\boxed{\text{ヒフ}}}a$$

である。

このことから

$$c_n = \boxed{\text{ヘ}} - \boxed{\text{ホ}}\left(1 - \frac{\boxed{\text{ニ}}}{\boxed{\text{ヌネノ}}}\right)^n$$

である。

第3問〜第5問は，いずれか2問を選択し，解答しなさい。

第5問（選択問題）（配点　20）

点Oを中心とする半径1の円Oに内接する正三角形ABCがある。

(1) 円Oの半径が1であるから

$$|\overrightarrow{OA}|=|\overrightarrow{OB}|=|\overrightarrow{OC}|=\boxed{ア}$$

である。

内積を求めると

$$\overrightarrow{OA}\cdot\overrightarrow{OB}=\overrightarrow{OB}\cdot\overrightarrow{OC}=\overrightarrow{OC}\cdot\overrightarrow{OA}=\frac{\boxed{イウ}}{\boxed{エ}}$$

である。

線分BCを1：2に内分する点をD，線分BCを2：1に内分する点をEとすると

$$\overrightarrow{OD}=\frac{\boxed{オ}}{\boxed{カ}}\overrightarrow{OB}+\frac{\boxed{キ}}{\boxed{カ}}\overrightarrow{OC}$$

$$\overrightarrow{OE}=\frac{\boxed{キ}}{\boxed{カ}}\overrightarrow{OB}+\frac{\boxed{オ}}{\boxed{カ}}\overrightarrow{OC}$$

である。

$\overrightarrow{OD}$ と $\overrightarrow{OE}$ の内積を求めると

$$\overrightarrow{OD}\cdot\overrightarrow{OE}=\frac{\boxed{ク}}{\boxed{ケ}}$$

である。

(2) 次の**問題A**について考えよう。

> **問題A** 平面において，点Oを中心とする半径1の円Oに内接する正三角形ABCの周または外部に動点Pがある。このとき，$AP^2+BP^2+CP^2$ の最小値を求めよ。

$AP^2+BP^2+CP^2$ は次の構想で変形することができる。

構想

$AP^2=|\overrightarrow{AP}|^2=|\overrightarrow{OP}-\overrightarrow{OA}|^2$

BP^2, CP^2 も同様である。

この構想から

$$AP^2+BP^2+CP^2$$

$$=\boxed{\text{コ}}\,|\overrightarrow{OP}|^2-\boxed{\text{サ}}\,\overrightarrow{OP}\cdot(\overrightarrow{OA}+\overrightarrow{OB}+\overrightarrow{OC})+\boxed{\text{シ}}$$

である。

(i) △ABCは正三角形であるから点Oは△ABCの重心になることにも注意して

$$\overrightarrow{OA}+\overrightarrow{OB}+\overrightarrow{OC}=\boxed{\text{ス}}$$

$$\overrightarrow{OP}\cdot(\overrightarrow{OA}+\overrightarrow{OB}+\overrightarrow{OC})=\boxed{\text{セ}}$$

である。

$\boxed{\text{ス}}$, $\boxed{\text{セ}}$ の解答群

⓪ -1	① 0	② $\dfrac{1}{3}$	③ 1
④ $\overrightarrow{AC}$	⑤ $\vec{0}$	⑥ $\dfrac{1}{3}\overrightarrow{OP}$	⑦ $\overrightarrow{OP}$

(ii) △ABCの周または外部に動点Pがあるので,

$AP^2+BP^2+CP^2$ の最小値は $\dfrac{\boxed{ソタ}}{\boxed{チ}}$ である。

最小値をとる点Pの位置は ツ である。

ツ の解答群

⓪ △ABCの頂点
① 円Oの円周上
② △ABCの各辺を3等分した点
③ △ABCの内接円の各辺との接点
④ △ABCの各辺の垂直二等分線と円Oとの交点

(3) 座標平面で，原点Oを中心とする半径1の円Oに内接する正三角形ABCの3つの頂点を，A(1, 0)，$B\left(-\frac{1}{2},\ \frac{\sqrt{3}}{2}\right)$，$C\left(-\frac{1}{2},\ -\frac{\sqrt{3}}{2}\right)$とする。

円Oの周上に動点$Q(\cos\theta,\ \sin\theta)$ $(0 \leqq \theta < 2\pi)$をとる。

このとき，3つの内積の値について

$\overrightarrow{OQ}\cdot\overrightarrow{OA} =$ テ

$\overrightarrow{OQ}\cdot\overrightarrow{OB} =$ ト

$\overrightarrow{OQ}\cdot\overrightarrow{OC} =$ ナ

であるから

$$f(\theta) = (\overrightarrow{OQ}\cdot\overrightarrow{OA})^2 + (\overrightarrow{OQ}\cdot\overrightarrow{OB})^2 + (\overrightarrow{OQ}\cdot\overrightarrow{OC})^2$$

とすると，3つの値$f(0)$，$f\left(\frac{\pi}{3}\right)$，$f\left(\frac{2}{3}\pi\right)$について ニ である。

テ，ト，ナ の解答群

⓪ $\cos\theta$	① $\sin\theta$
② $\frac{1}{2}\cos\theta + \frac{\sqrt{3}}{2}\sin\theta$	③ $\frac{1}{2}\cos\theta - \frac{\sqrt{3}}{2}\sin\theta$
④ $-\frac{1}{2}\cos\theta + \frac{\sqrt{3}}{2}\sin\theta$	⑤ $-\frac{1}{2}\cos\theta - \frac{\sqrt{3}}{2}\sin\theta$

ニ の解答群

⓪ $f(0) < f\left(\frac{\pi}{3}\right) < f\left(\frac{2}{3}\pi\right)$

① $f\left(\frac{2}{3}\pi\right) < f\left(\frac{\pi}{3}\right) < f(0)$

② $f(0) = f\left(\frac{2}{3}\pi\right) < f\left(\frac{\pi}{3}\right)$

③ $f\left(\frac{\pi}{3}\right) < f(0) = f\left(\frac{2}{3}\pi\right)$

④ $f(0) = f\left(\frac{\pi}{3}\right) = f\left(\frac{2}{3}\pi\right)$

予想問題
第3回

100点／60分

＊「第１問」「第２問」は必答です。
＊「第３問」「第４問」「第５問」は、いずれか２問を選択して解答してください。

第1問 (必答問題) (配点　30)

〔1〕 点Oを原点とする座標平面において，原点Oを中心とする半径1の円と半径2の円をそれぞれC_1，C_2とする。$\theta \geqq 0$を満たすθに対して角2θの動径と円C_1の交点をP，角$\dfrac{\pi}{2}-\theta$の動径と円C_2の交点をQとする。ここで，動径は原点Oを中心とし，その始線はx軸の正の部分とする。

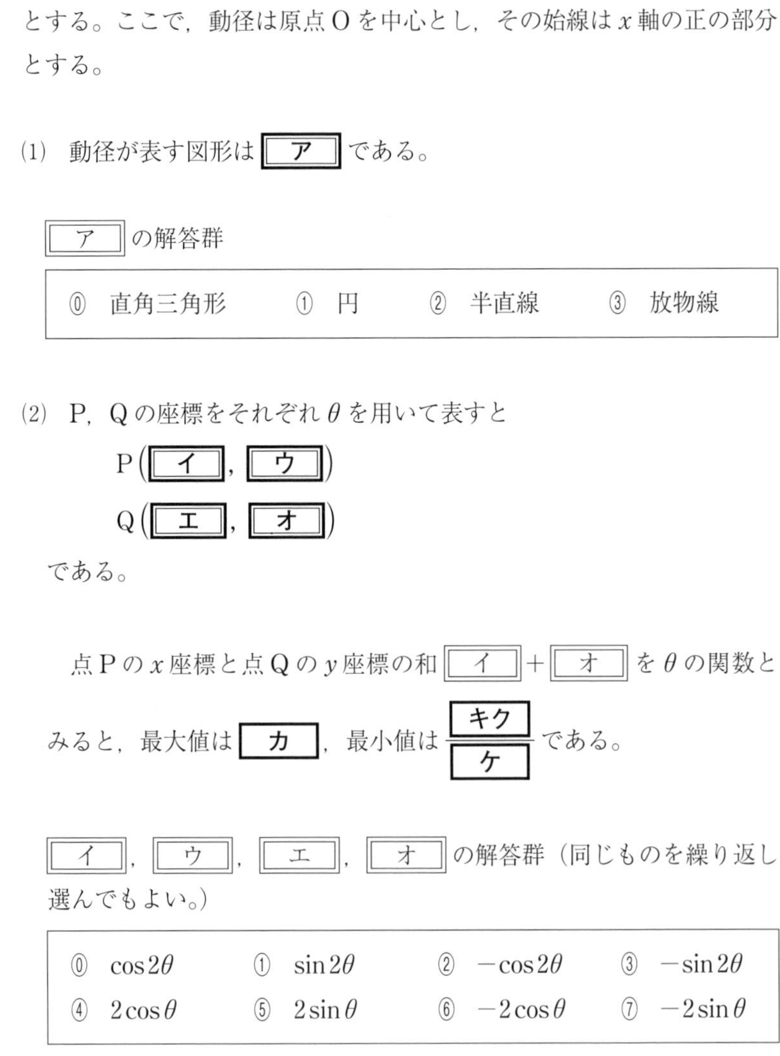

(1) 動径が表す図形は［ア］である。

［ア］の解答群

⓪ 直角三角形	① 円	② 半直線	③ 放物線

(2) P，Qの座標をそれぞれθを用いて表すと

P(［イ］，［ウ］)

Q(［エ］，［オ］)

である。

点Pのx座標と点Qのy座標の和［イ］＋［オ］をθの関数とみると，最大値は［カ］，最小値は$\dfrac{［キク］}{［ケ］}$である。

［イ］，［ウ］，［エ］，［オ］の解答群（同じものを繰り返し選んでもよい。）

⓪ $\cos 2\theta$	① $\sin 2\theta$	② $-\cos 2\theta$	③ $-\sin 2\theta$
④ $2\cos\theta$	⑤ $2\sin\theta$	⑥ $-2\cos\theta$	⑦ $-2\sin\theta$

(3) $\theta \geqq 0$ において，3 点O，P，Qが一直線上に並ぶような最小の θ は $\theta = \dfrac{\pi}{\boxed{コ}}$ である。

θ が $0 \leqq \theta \leqq \dfrac{\pi}{\boxed{コ}}$ の範囲を動くとき，

点Pの描く弧の長さを L_1，点Qが描く弧の長さを L_2

点Pの描く弧をもつおうぎ形の面積を S_1，点Qの描く弧をもつおうぎ形の面積を S_2 とすると，L_1 と L_2，S_1 と S_2 のそれぞれの大小関係は

L_1 [サ] L_2

S_1 [シ] S_2

である。

[サ]，[シ] の解答群（同じものを繰り返し選んでもよい。）

⓪ <	① ＝	② >

(4) 線分PQの長さの 2 乗を θ で表すと，2 点間の距離の公式を用いて

$$PQ^2 = (\boxed{イ} - \boxed{エ})^2 + (\boxed{ウ} - \boxed{オ})^2$$
$$= \boxed{ス} - \boxed{セ} \cdot \boxed{ソ}$$

である。

[ソ] の解答群

⓪ $\cos\theta$	① $\cos 2\theta$	② $\cos 3\theta$
③ $\sin\theta$	④ $\sin 2\theta$	⑤ $\sin 3\theta$

ここで $PQ^2 = f(\theta)$ とおく。

$y = f(\theta)$ $(0 \leqq \theta \leqq \pi)$ のグラフの概形は **タ** である。

タ として最も適当なものを，次の⓪～⑤のうちから一つ選べ。

⓪
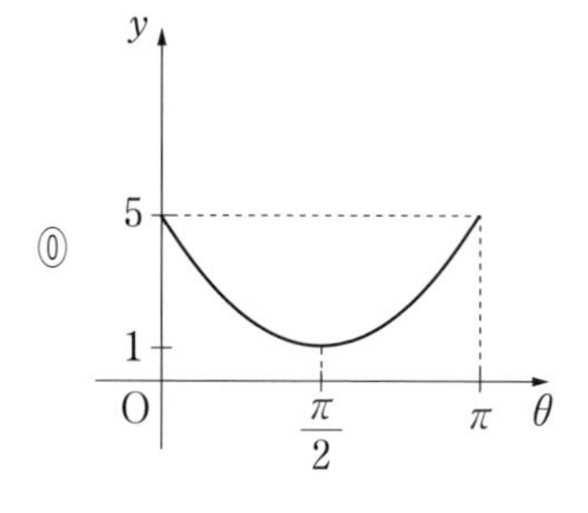

①
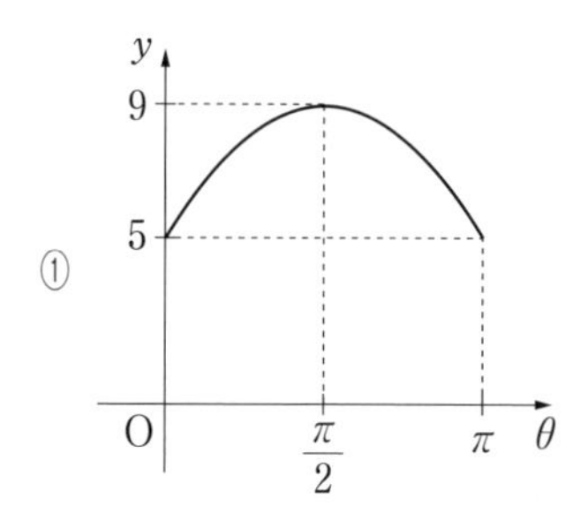

②
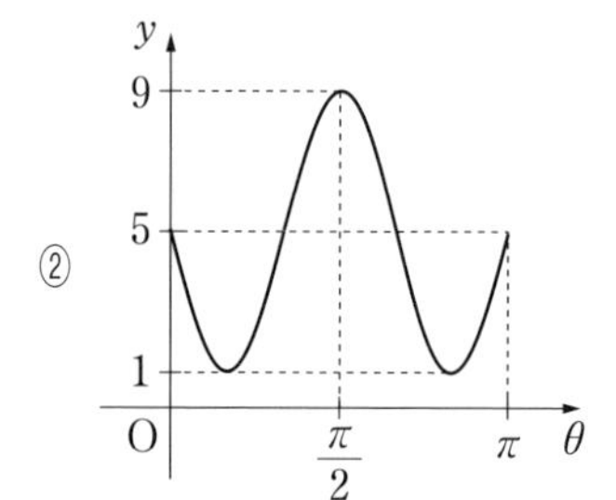

③
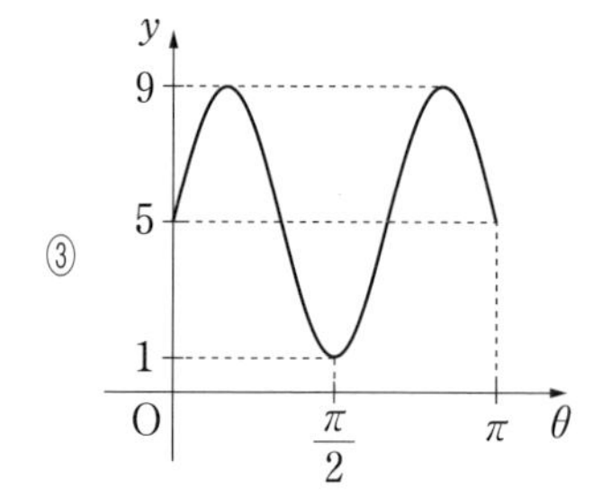

④
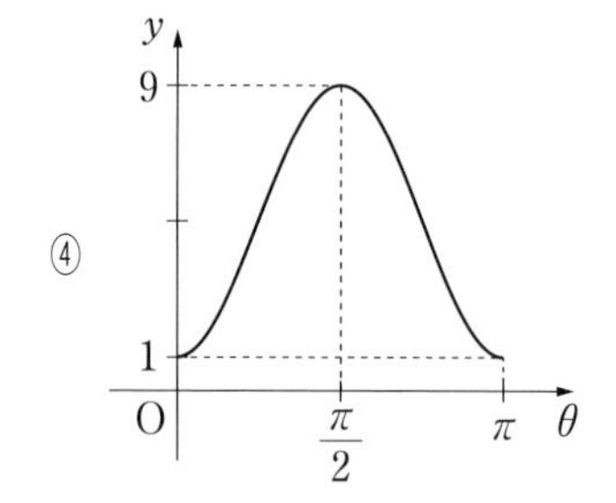

⑤
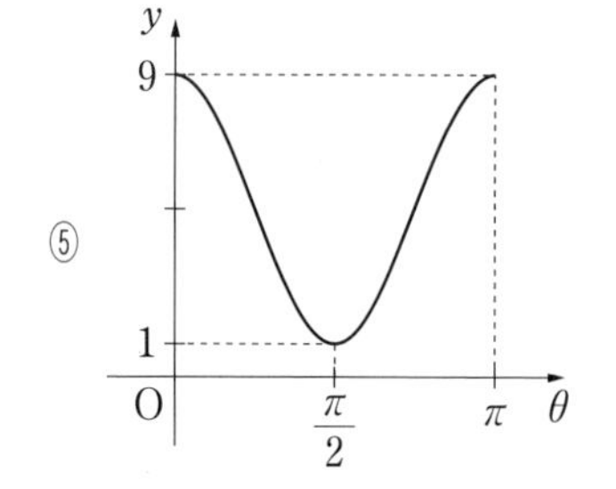

〔2〕 星の見かけの明るさは1等星，2等星など等級で表すが，星の等級と明るさの関係は次のように対数を用いて表される。

a 等星の明るさを $L(a)$，b 等星の明るさを $L(b)$ とすると

$$0.4(a-b)=\log_{10}L(b)-\log_{10}L(a)$$

以下では，北極星は2等星であるとし，$\log_{10}2=0.3010$ とする。

(1) $a<b$ ならば $L(a)$ [チ] $L(b)$ である。

[チ] の解答群

⓪ <	① =	② >

(2) 北極星は7等星の明るさの $10^{\boxed{ツ}}$ 倍の明るさになる。

[ツ] の解答群

⓪ −3	① −2	② −1	③ 1.5	④ 2
⑤ 2.5	⑥ 3	⑦ 3.5	⑧ 4	⑨ 4.5

(3) 北極星の16倍の明るさをもつ星は [テ] 等星となる。

[テ] の解答群

⓪ −1.99	① −1.69	② −1.01	③ −0.69	④ 0.69
⑤ 1.01	⑥ 1.69	⑦ 1.99	⑧ 2.30	⑨ 5.01

第２問（必答問題）（配点　30）

座標平面において，放物線 $y=\frac{1}{3}x^2$ と直線 $y=ax+b$ は異なる２つの共有点をもち，その x 座標を α，β とする。ただし，$-3<\alpha<\beta<3$ とする。このとき，次の問いに答えよ。

(1)　a，b が満たす条件について考える。

$$\begin{cases} y=\frac{1}{3}x^2 \\ y=ax+b \end{cases}$$

を連立して，$\frac{1}{3}x^2=ax+b$

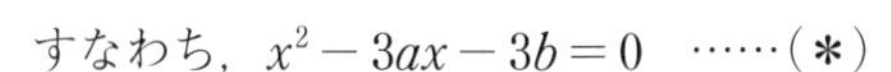

すなわち，$x^2-3ax-3b=0$　……(＊)

２次方程式(＊)の解は α，β である。

このことから，(＊)は $-3<x<3$ の範囲に異なる２つの実数解をもつ。

$$g(x)=x^2-3ax-3b$$

とおくと

$y=g(x)$ のグラフの軸の方程式は，$x=\frac{\boxed{\text{ア}}}{\boxed{\text{イ}}}a$ である。

$y=g(x)$ のグラフが $-3<x<3$ の範囲で x 軸と異なる２つの共有点をもつことから，次の４つの条件をすべて満たす。

- $g(-3)$ [ウ] 0
- $g(3)$ [エ] 0
- $g\left(\dfrac{\boxed{\text{ア}}}{\boxed{\text{イ}}}a\right)$ [オ] 0
- $-3 < \dfrac{\boxed{\text{ア}}}{\boxed{\text{イ}}}a < 3$

[ウ], [エ], [オ] の解答群（同じものを繰り返し選んでもよい。）

⓪ $<$	① $=$	② $>$

a, b が満たす条件の領域を ab 平面に図示すると，[カ] の斜線部分になる。

[カ] については，最も適当なものを，次の⓪～⑤のうちから一つ選べ。

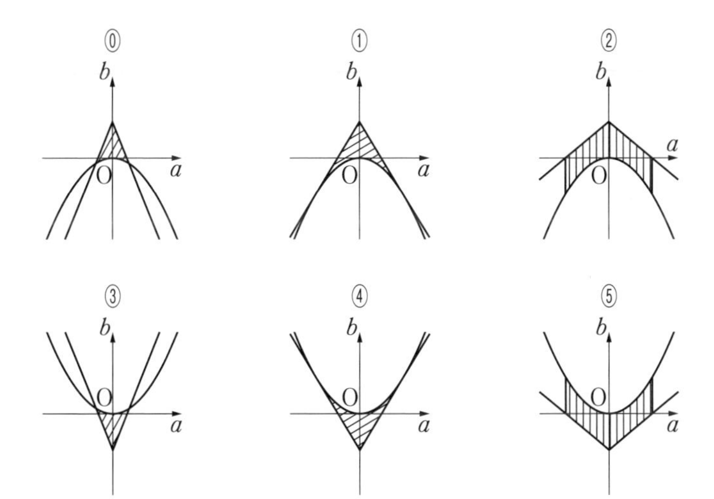

以下，a, b はこの条件を満たすとする。

(2)　α, β は(＊)の解であることから，α, β の和と積を a, b を用いて表すと

$\alpha+\beta=$ [キ]

$\alpha\beta=$ [ク]

である。

また，α, β の差を a と b を用いて表すと

$\beta-\alpha=\sqrt{[ケ]a^2+[コサ]b}$

である。

[キ]，[ク] の解答群（同じものを繰り返し選んでもよい。）

⓪ $-\dfrac{a}{3}$	① $-3a$	② $\dfrac{a}{3}$	③ $3a$
④ $-\dfrac{b}{3}$	⑤ $-3b$	⑥ $\dfrac{b}{3}$	⑦ $3b$

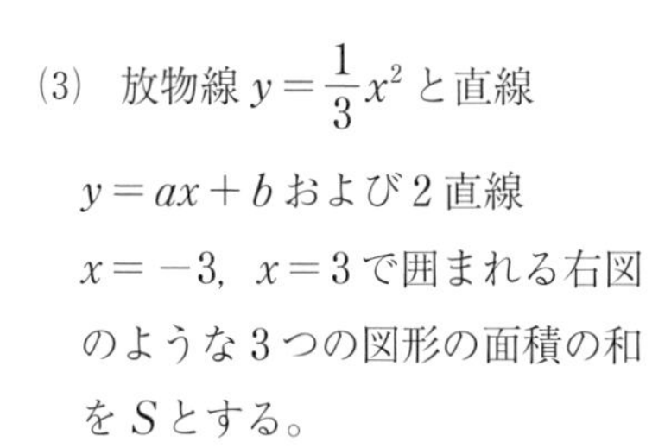

(3) 放物線 $y=\frac{1}{3}x^2$ と直線 $y=ax+b$ および2直線 $x=-3$, $x=3$ で囲まれる右図のような3つの図形の面積の和を S とする。

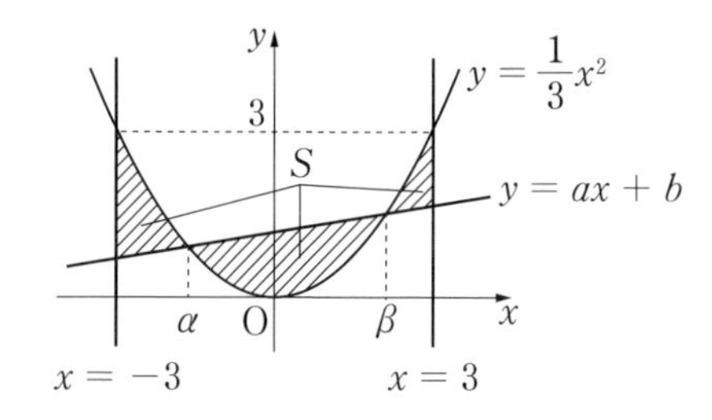

(i) $f(x)=\frac{1}{3}x^2-(ax+b)$

として S を定積分で表すと [シ] である。

[シ] の解答群

⓪ $S=\int_{-3}^{3}f(x)dx+\int_{\alpha}^{\beta}f(x)dx$

① $S=\int_{-3}^{3}f(x)dx+2\int_{\alpha}^{\beta}f(x)dx$

② $S=\int_{-3}^{3}f(x)dx-\int_{\alpha}^{\beta}f(x)dx$

③ $S=\int_{-3}^{3}f(x)dx-2\int_{\alpha}^{\beta}f(x)dx$

④ $S=2\int_{-3}^{3}f(x)dx+\int_{\alpha}^{\beta}f(x)dx$

⑤ $S=2\int_{-3}^{3}f(x)dx-\int_{\alpha}^{\beta}f(x)dx$

(ii) $f(\alpha)=$ ス, $f(\beta)=$ ス であることから

$$f(x)=\frac{1}{\boxed{セ}}(x-\alpha)(x-\beta)$$

と表せる。

次の定積分をそれぞれ α, β を用いて表すと

$$\int_{-3}^{3} f(x)dx=6+\boxed{ソ}$$

$$\int_{\alpha}^{\beta} f(x)dx=\boxed{タ}$$

(i), (ii)と(2)より, S は a, b を用いて表せる。

ソ, タ の解答群

⓪ $\alpha+\beta$	① $2(\alpha+\beta)$	② $3(\alpha+\beta)$
③ $\alpha\beta$	④ $2\alpha\beta$	⑤ $3\alpha\beta$
⑥ $\frac{1}{9}(\beta-\alpha)^3$	⑦ $-\frac{1}{9}(\beta-\alpha)^3$	⑧ $\frac{1}{18}(\beta-\alpha)^3$
⑨ $-\frac{1}{18}(\beta-\alpha)^3$		

(4) 放物線 $y=\frac{1}{3}x^2$ と直線 $y=\frac{1}{6}x+1$ および 2 直線 $x=-3$, $x=3$ で囲まれる 3 つの図形の面積の和は $\frac{\boxed{チツテ}}{\boxed{トナ}}$ である。

(5) $y=\frac{1}{3}x^2$ と $y=ax+1$ および2直線 $x=-3$, $x=3$ で囲まれる3つの図形の面積の和を $T(a)$ とおく。

3つの値 $T\left(-\frac{1}{3}\right)$, $T\left(\frac{1}{6}\right)$, $T\left(\frac{1}{2}\right)$ の大小関係を正しく表した不等式は ニ である。

また，a を変化させるとき $T(a)$ の最小値は $\frac{\boxed{ヌ}\sqrt{\boxed{ネ}}}{\boxed{ノ}}$ である。

ニ の解答群

⓪ $T\left(-\frac{1}{3}\right)<T\left(\frac{1}{6}\right)<T\left(\frac{1}{2}\right)$

① $T\left(\frac{1}{6}\right)<T\left(-\frac{1}{3}\right)<T\left(\frac{1}{2}\right)$

② $T\left(-\frac{1}{3}\right)<T\left(\frac{1}{2}\right)<T\left(\frac{1}{6}\right)$

③ $T\left(\frac{1}{6}\right)<T\left(\frac{1}{2}\right)<T\left(-\frac{1}{3}\right)$

④ $T\left(\frac{1}{2}\right)<T\left(-\frac{1}{3}\right)<T\left(\frac{1}{6}\right)$

⑤ $T\left(\frac{1}{2}\right)<T\left(\frac{1}{6}\right)<T\left(-\frac{1}{3}\right)$

第3問～第5問は，**いずれか2問を選択**し，解答しなさい。

第3問 （選択問題）（配点　20）

毎年，同じ形式で行なわれるP大学の入学試験は1点刻みの100点満点で採点され，昨年実施したときの成績を集計した結果は全受験者800人で，得点の分布は平均が56点，標準偏差が16点で，受験者1人の得点を確率変数 X として，正規分布に従うことがわかった。また，合格したのは244人であった。このとき，次の問いに答えよ。ただし，必要に応じて58ページの正規分布表を用いてよい。

(1)　X が従う正規分布は $N\left(\boxed{\text{アイ}},\ \boxed{\text{ウエ}}^2\right)$ であるから $Z=\dfrac{X-\boxed{\text{アイ}}}{\boxed{\text{ウエ}}}$ とおくと，Z は平均 $\boxed{\text{オ}}$，標準偏差 $\boxed{\text{カ}}$ の標準正規分布に従う。

(2)　P大学では合格最低点を非公表としている。そこで，昨年実施したP大学の入学試験の合格最低点を調べてみる。

ここで合格最低点とは，合格した244人の得点の中で最も低い点数のことである。

$$P\left(Z \geqq \boxed{\text{キ}}\right)=\frac{244}{800}$$

であることから，合格最低点は $\boxed{\text{ク}}$ 点であると考えられる。

$\boxed{\text{キ}}$ については，最も適当なものを，次の⓪～⑤のうちから一つ選べ。

⓪　0.21	①　0.38	②　0.45
③　0.51	④　0.67	⑤　0.86

$\boxed{\text{ク}}$ については，最も適当なものを，次の⓪～⑤のうちから一つ選べ。

⓪　62	①　65	②　68
③　72	④　76	⑤　80

(3) $Y = 10Z + 50$

とおくと

Yは平均 **ケコ** ，標準偏差 **サシ** の正規分布に従う。

この Yの値は「得点 Xの偏差値」と呼ばれるものである。

合格最低点の偏差値を Y_1

合格最低点に1点届かず不合格になった受験者の得点（合格最低点から1点引いた点）の偏差値を Y_2

とする。

これら2つの偏差値の差は

$Y_1 - Y_2 = 0.$ **スセソ**

である。

(4) 今年もP大学の入学試験は100点満点で採点され，受験者全体から無作為に抽出した256人の採点結果を中間集計したところ平均は54点であった。得点分布の標準偏差は昨年と同じ16点であるとして，今年の平均 m 点を推定してみる。

(i) 標本の大きさ256，標本平均 $\overline{X} = 54$ であることから，母平均 m に対する信頼度95%の信頼区間を求めると

タ $\leqq m \leqq$ **チ**

である。

タ ，**チ** については，最も適当なものを，次の⓪～⑤のうちから一つずつ選べ。

⓪ 51.42	① 52.04	② 53.36
③ 55.64	④ 55.96	⑤ 56.58

(ii) 母平均 m に対する信頼度95%の信頼区間 $A \leqq m \leqq B$ の意味として最も適当なものは **ツ** である。

[ツ] の解答群

⓪ 今年のＰ大学の受験者全体の平均 m 点が95％の確率で，信頼区間 $A \leqq m \leqq B$ に入る。
① 標本256人のうち，約95％の得点が A 点以上 B 点以下である。
② 今年のＰ大学の受験者から約95％の受験者を無作為抽出すれば，標本平均が A 点以上 B 点以下である。
③ 今年のＰ大学の受験者から大きさ256の標本を無作為抽出すると，そのうち約95％の標本平均が m となる。
④ 今年のＰ大学の受験者から大きさ256の標本を無作為抽出して信頼区間をつくることを繰り返すと，そのうち約95％の信頼区間が母平均 m を含んでいる。
⑤ 今年のＰ大学の受験者から大きさ256の標本を無作為抽出して信頼区間をつくることを繰り返すと，そのうち約95％の信頼区間が標本平均 $\overline{X}$ を含んでいる。

(iii) 母平均 m に対する信頼度95％の信頼区間 $A \leqq m \leqq B$ において，$B-A$ を信頼度95％の信頼区間の幅という。

次の⓪～⑤の中で，母平均 m に対する信頼度95%の信頼区間の幅より広くなるものを2つ選ぶと，[テ]，[ト] である。ただし，書かれているもの以外は変わらないとする。

[テ]，[ト] の解答群

⓪ 母平均 m に対する信頼度99％の信頼区間の幅
① 母平均 m に対する信頼度90％の信頼区間の幅
② 無作為に抽出した256人を512人としたときの信頼度95％の信頼区間の幅
③ 無作為に抽出した256人を128人としたときの信頼度95％の信頼区間の幅
④ 平均54点を55点としたときの信頼度95％の信頼区間の幅
⑤ 平均54点を53点としたときの信頼度95％の信頼区間の幅

第3問～第5問は，いずれか2問を選択し，解答しなさい。

第4問 (選択問題) (配点　20)

数列$\{a_n\}$に対し

$$a_{n+1}-a_n=b_n \quad (n=1,\ 2,\ 3,\ \cdots)$$

を満たす数列$\{b_n\}$を階差数列という。

さらに，数列$\{a_n\}$に対し

$$a_{n+1}+a_n=c_n \quad (n=1,\ 2,\ 3,\ \cdots)$$

を満たす数列$\{c_n\}$を階和数列と呼ぶことにする。

(1) 数列$\{a_n\}$の初項を$a_1=4$，階差数列$\{b_n\}$を$b_n=2$とすると
数列$\{a_n\}$の一般項は

$$a_n=\boxed{ア}n+\boxed{イ}$$

であり，数列$\{a_n\}$の階和数列$\{c_n\}$は

$$c_n=\boxed{ウ}n+\boxed{エ}$$

である。

(2) 数列$\{a_n\}$の初項を$a_1=2$，階和数列$\{c_n\}$を$c_n=4$とすると
数列$\{a_n\}$の一般項は

$$a_n=\boxed{オ}$$

であり，数列$\{a_n\}$の階差数列$\{b_n\}$は

$$b_n=\boxed{カ}$$

である。

これら3つの数列$\{a_n\}$，$\{b_n\}$，$\{c_n\}$のように，すべての自然数nに対して，nに無関係な一定の値をとる数列を定数数列という。

(3) a, c を定数とする。

数列 $\{a_n\}$ の初項を $a_1=a$, 階和数列 $\{c_n\}$ を $c_n=c$ とする。

このとき，数列 $\{a_n\}$ が定数数列になるための必要十分条件は [キ] である。

条件 [キ] を満たすとき，$a_n=$ [ク] であり，さらに数列 $\{b_n\}$ も定数数列となり

$b_n=$ [ケ]

である。

条件 [キ] を満たさないとき，数列 $\{a_n\}$ の一般項を a と c を用いて表すと

$$a_n=\left(\boxed{ク}-\frac{\boxed{コ}}{2}\right)\cdot\left(\boxed{サシ}\right)^{n-1}+\frac{\boxed{コ}}{2}$$

である。

[キ] の解答群

⓪ $a+c=6$	① $c-a=2$	② $c=2a$
③ $ac=8$	④ $c=a^2$	⑤ $2c=a^3$

(4)　数列 $\{a_n\}$ の初項を $a_1=4$，階和数列 $\{c_n\}$ を $c_n=\dfrac{2n+1}{n(n+1)}$ とすると

$$a_{n+1}+a_n=\frac{2n+1}{n(n+1)} \qquad \cdots\cdots ①$$

を満たす。

ここで $\dfrac{1}{n+1}+\dfrac{1}{n}=\dfrac{\boxed{ス}n+\boxed{セ}}{n(n+1)}$ ……②

①－②と変形すると，数列 $\left\{a_n-\dfrac{1}{n}\right\}$ は $\boxed{ソ}$ であることがわかる。

よって，数列 $\{a_n\}$ の一般項は

$$a_n=\boxed{タ}\cdot\left(\boxed{チツ}\right)^{n-1}+\frac{\boxed{テ}}{n}$$

である。

この数列 $\{a_n\}$ について，(Ⅰ)，(Ⅱ)の正誤の組合せとして正しいものは $\boxed{ト}$ である。

(Ⅰ)　数列 $\{a_n\}$ の第2項以降はつねに3より小さい。

(Ⅱ)　数列 $\{a_n\}$ はつねに -3 より大きい。

$\boxed{ソ}$ の解答群

⓪　等差数列　①　等比数列　②　定数数列　③　階差数列

$\boxed{ト}$ の解答群

	⓪	①	②	③
(Ⅰ)	正	正	誤	誤
(Ⅱ)	正	誤	正	誤

第3問～第5問は，**いずれか2問を選択**し，解答しなさい。

第5問 (選択問題) (配点　20)

〔1〕 3つの実数 p，q，r と相異なる4点O，A，B，Cがあり

$$p\overrightarrow{OA}+q\overrightarrow{OB}+r\overrightarrow{OC}=\vec{0}$$

が成り立つとする。

このとき，次の命題(I)，(II)の真偽の組合せとして正しいものは **ア** である。

(I) 三角形ABCが存在するならば

「$p=0$ かつ $q=0$ かつ $r=0$」

である。

(II) 四面体OABCが存在するならば

「$p=0$ かつ $q=0$ かつ $r=0$」

である。

ア の解答群

	⓪	①	②	③
(I)	真	真	偽	偽
(II)	真	偽	真	偽

〔2〕 四面体OABCがあり，6つの辺の長さが

$$\mathrm{OA}=3,\ \mathrm{OB}=4,\ \mathrm{OC}=2,\ \mathrm{AB}=3,\ \mathrm{BC}=2\sqrt{3},\ \mathrm{CA}=\sqrt{5}$$

であるとする。

四面体OABCにおいて，次の**問題**を考えよう。

問題 この四面体OABCの辺OA上にOD$=1$, DA$=2$となる点D, 辺OB上にOE$=3$，EB$=1$となる点E，辺BC上にBF$=$FC$=\sqrt{3}$となる点Fをそれぞれとる。
このとき，3点D，E，Fを通る平面で四面体OABCを2つの立体に分け，点Oが頂点の1つになるほうの立体の体積Wを求めよ。

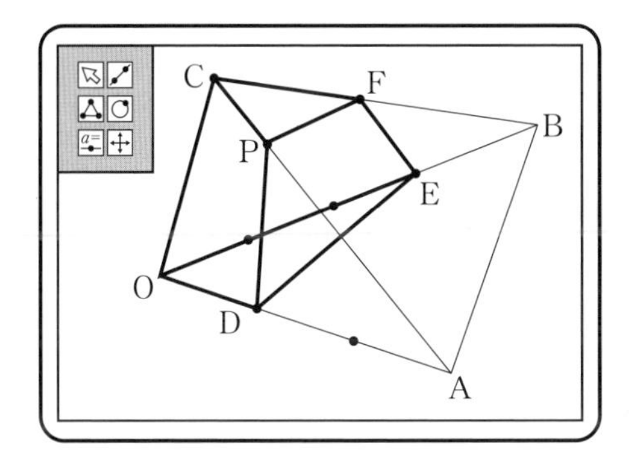

(1)　△ABCに着目すると，$\overrightarrow{AB}$ と $\overrightarrow{AC}$ の内積は

$$\overrightarrow{AB} \cdot \overrightarrow{AC} = \boxed{\text{イ}}$$

である。

△ABCの面積を S とすると

$$S = \sqrt{\boxed{\text{ウエ}}}$$

である。

△OCA，△OCBは辺の長さに着目すると直角三角形である。

OC⊥CAかつOC⊥CBであることから
点Oと平面ABCの距離は $\boxed{\text{オ}}$ である。

よって，四面体OABCの体積を V とすると

$$V = \frac{\boxed{\text{カ}}}{\boxed{\text{キ}}}\sqrt{\boxed{\text{クケ}}}$$

である。

(2) 点Dは線分OAを1:2に内分する点，点Eは線分OBを3:1に内分する点，点Fは線分BCの中点だから

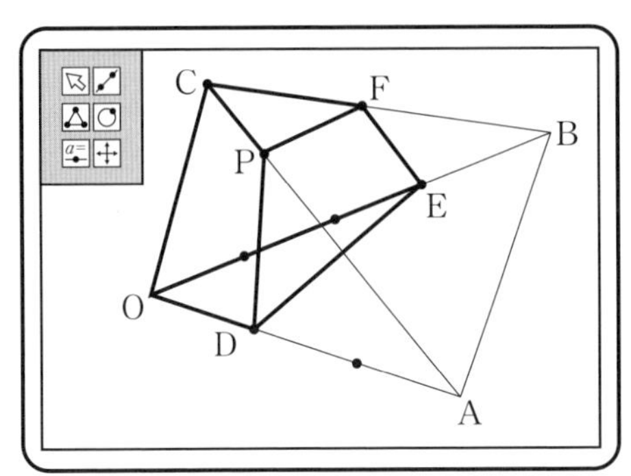

$$\overrightarrow{OD}=\frac{1}{3}\overrightarrow{OA}$$

$$\overrightarrow{OE}=\frac{3}{4}\overrightarrow{OB}$$

$$\overrightarrow{OF}=\frac{1}{2}\overrightarrow{OB}+\frac{1}{2}\overrightarrow{OC}$$

と表せる。

ここで，平面DEFと辺ACの交点をPとする。

点Pは辺AC上にあるので，実数tを用いて

$$\overrightarrow{OP}=\overrightarrow{OA}+t\overrightarrow{AC}$$

$$=(1-t)\overrightarrow{OA}+t\overrightarrow{OC} \quad \cdots\cdots ①$$

と表せる。

また，点Pは平面DEF上にあるので，実数x，yを用いて

$$\overrightarrow{OP}=\overrightarrow{OD}+x\overrightarrow{DE}+y\overrightarrow{DF}$$

$$=(1-x-y)\overrightarrow{OD}+x\overrightarrow{OE}+y\overrightarrow{OF}$$

$$=\frac{1}{3}(1-x-y)\overrightarrow{OA}+\frac{3}{4}x\overrightarrow{OB}+y\left(\frac{1}{2}\overrightarrow{OB}+\frac{1}{2}\overrightarrow{OC}\right)$$

$$=\left(\frac{1}{3}-\frac{x}{3}-\frac{y}{3}\right)\overrightarrow{OA}+\left(\frac{3}{4}x+\frac{y}{2}\right)\overrightarrow{OB}+\frac{y}{2}\overrightarrow{OC} \quad \cdots\cdots ②$$

と表せる。

①，②から$\overrightarrow{OP}$は$\overrightarrow{OA}$と$\overrightarrow{OC}$を用いて表すと

$$\overrightarrow{OP}=\frac{\boxed{\text{コ}}}{\boxed{\text{サ}}}\overrightarrow{OA}+\frac{\boxed{\text{シ}}}{\boxed{\text{ス}}}\overrightarrow{OC}$$

となる。

(3) 直線OCと平面DEFの交点をQとする。

点Qは直線OC上にあることと平面DEF上にあることから

$$\overrightarrow{OQ} = \frac{\boxed{セ}}{\boxed{ソ}}\overrightarrow{OC}$$

と表せる。

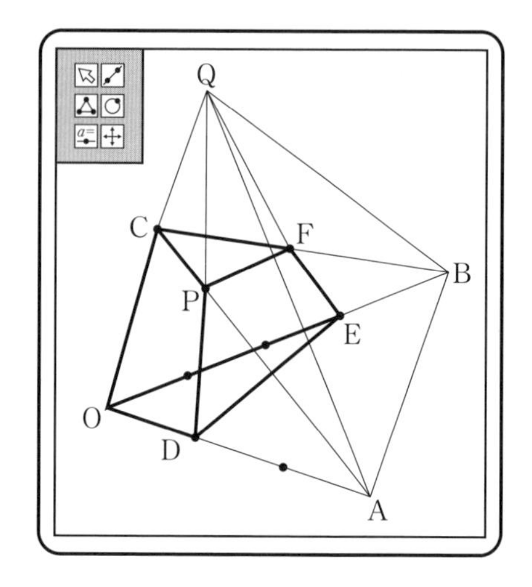

(4) 体積Wは6つの点O，D，E，C，P，Fを頂点にもつ立体の体積であるが，次の構想で求めることができる。

構想

頂点Qを共有する2つの四面体QODE，QCPFの体積をそれぞれV_1，V_2とすると

$$W = V_1 - V_2$$

(i) 四面体QABCの体積をUとする。

Uを四面体OABCの体積Vを用いて表すと，△ABCを共通の底面とみて高さの比から

$$U = \frac{\boxed{タ}}{\boxed{チ}}V$$

である。

このことから，四面体QOABの体積をKとすると

$$K = \frac{\boxed{ツ}}{\boxed{テ}}V$$

である。

(ii) V_1 を K を用いて表すと，△ODE と △OAB を底面とみて高さが共通であることから

$$V_1=\frac{\boxed{\text{ト}}}{\boxed{\text{ナ}}}K$$

である。

V_2 を U を用いて表すと，△CPF と △CAB を底面とみて高さが共通であることから

$$V_2=\frac{\boxed{\text{ニ}}}{\boxed{\text{ヌネ}}}U$$

である。

(iii) 構想と(1)より

$$W=V_1-V_2=\frac{\boxed{\text{ノハ}}}{\boxed{\text{ヒフ}}}\sqrt{\boxed{\text{クケ}}}$$

である。

MEMO

MEMO

MEMO

MEMO

MEMO

MEMO